恐龙图鉴 给儿童的恐龙百科全书

侏罗纪与白垩纪恐龙

[英] 英国琥珀出版公司 / 编著　　王凌宇 / 译

甘肃科学技术出版社

目录

异齿龙

水龙兽

导 言

地球生命的历史是一个具有永恒吸引力的话题，它让我们明白自身的起源以及我们在这庞大的生命空间中的位置。伴随着每一个全新的发现或是对过去的重新解释，我们的生物学视角被不断转换。演化过程的时间跨度之大、所产生的物种之多样，让我们为之折服。当我们在思索那消逝的世界以及那里奇特的居民时，我们的想象力会被激发，这是其他任何事物都无可比拟的。

为了复原我们星球的生物历史，我们必须成为一名侦探。在复原生物历史时，我们除了依靠现存生物的基因数据外，还可以依靠化石。化石是那些远古物种留下的痕迹，是我们阐释和复原时的起点。但是要记住，即便一块化石保存得再完美，它也无法向我们展现故事的全貌。比如，一只被密封在琥珀里的昆虫，就没有证据

即便是最好的化石也留下了极大的想象空间，让我们可以去推测那些灭绝已久的生物的外貌与行为，比如这些腕龙。

庞大的角龙能不能用它们的后腿站立呢？我们可能无法知道准确答案，但可以做一些有根据的猜想。

记录它活着时的各种行为。绝大多数化石都无法被保存得很好，没法像昆虫被密封在树脂中一样"完美"。在近40亿年前，地球上活跃着数以万亿计的生物，而我们所拥有的标本只代表了其中极其微小的一部分而已。

随着越来越多且越来越优质的化石被发现，我们对这些史前动物的描述也在进一步清晰。毋庸置疑，我们比以前更加了解恐龙了。相较于浅海中巨大的无脊椎珊瑚礁群落来说，恐龙很难被保存在化石中，因为它是生活在陆地上和空中的脊椎动物。大部分恐龙在变成化石前，都会先被其他动物吃掉或是遭到风化，所以当我们研究恐龙时，常常只能研究一些化石残片。这些残片虽然诱人，但也很容易让人产生挫败感。

当你在阅读本书时，你会发现一些限定词被重复地使用，如"很可能""可能"和"也许"。当古生物学家试图根据零碎的化石来复原生物时，他必须极其仔细。我们通常什么都无法完全确定，在研究生物行为的时候尤为如此。难道我们可以通过研究一具骨骼化石，就下结论说这只动物活着的时候会用它的前肢从潮湿的沙子中汲取水分，然后再通过它鳞片缝隙的毛细作用将水送到嘴角吗？这样的动物今天是存在的——现代的带刺恶魔棘蜥。我们又怎能猜到一种史前动物可能故意弄断它趾中的骨头，然后锋利的"爪"就可以从皮肤中长出来，就像一种名叫壮发蛙的现代青蛙所做的那样呢？

名字的意义

你可能也发现本书中一些生物属的词源并不确定。长久以来，使用拉丁文或希腊文给生物起名是一种标准的惯例。叫作双冠龙（双冠蜥蜴）的恐龙在头骨上长着两个冠，股薄鳄（细长的鳄鱼）真的是个细长的鳄鱼。可是，还有一些动物，我们无法通过简单粗暴地翻译它的名字就明白学者给它取名的原因。如果从字面翻译棱齿龙的名字，它的意思是"高冠状的牙齿"，但是更深入的研究表明，这个名字实际上是指"高冠蜥的牙齿"，这是因为它的牙齿和高冠蜥的牙齿很像。另外还有莫阿大学龙，它的名字翻译过来就是"莫阿大学的蜥蜴"，是根据德国格赖夫斯瓦尔德的恩斯特—莫里兹—阿德特大学命名的，这所大学就位于化石发现地的旁边。熟练掌握拉丁文和希腊文可能就无法让你正确解析这个名字咯！对于一些太久以前命名的生物属以及一些我们没有词源的生物属，我们已经尽力去解释那些名字可能传递的意义了。幸好，现代取名规则在取名之外，还要求解释取名原因。

恐龙的定义

人们对史前动物的信息求知若渴，基于各种复杂的原因，人们尤其渴望获得恐龙的信息。也因为各种各样的原因，外行人经常会误用"恐龙"这个词来代指"任何只能通过化石了解的、体形巨大的、灭绝已久的动物"。但科学家试图给"恐龙"赋予更精确的定义。对科学家而言，与体形大小、是否灭绝和如何保存这些特点相比，恐龙这个群体共同拥有的是更为具体的、独特的、有重大进化意义的特征。更何况现在我们已经意识到，恐龙也包括一些小型的、没有灭绝的动物，我们可以通过活标本（现代鸟类）去了解它们。因此，要定义"恐龙"这个词十分困难。

目前，对"恐龙"一词有两种被广泛接受的定义：① 三角龙和现代鸟类的最近共同祖先的所有后代；② 巨齿龙和禽龙的最近共同祖先的所有后代。第二个定义中提到了两种最先被科学描述的非鸟型恐龙。这两种定义包含了相同的动物群体，而且这些动物群体是分散的。但恐龙到底是什么意思呢？外行人当然不能只是看着一个生物体，就判断出它是三角龙和现代鸟类的最近共同祖先的后代或是巨齿龙和禽龙的最近共同祖先的后代。

如果我们细想一下上面被用来定义恐龙群体的那些物种，它们是具备了一些特

大家都知道暴龙是一种恐龙，但是要给"恐龙"这个词下个清晰的定义却难比登天。

征的，而且，这个群体中所有成员都会具备这些特征。这些特征包括肱骨、髂骨、小腿骨和距骨以及后肢站立的姿势。乍一看，这像是一套怪异又世俗的标准。用这样一套标准来定义这样一个充满魅力的群体，似乎很不合适。但是群体的一致性对于形成一个严格的定义来说至关重要。当我们在定义某生物群体时，我们会确定一些关键特征。然而，由于化石无法向我们展现整个生物群体的来龙去脉，所以我们总会发现某些生物化石，它们具备了许多特征，却无法囊括所有关键特征。那些靠近大型辐射进化（由一个祖先进化出各种不同新物种，以适应不同环境，形成一个同源的辐射状的进化系统）源头的生物化石就尤其是这样，比如恐龙。

这就是为什么我们会倾向于使用两个包含式的分类单元来下定义——新的生物体要么属于这两个分类单元，要么不属于。如果我们用一系列特征来定义一个生物群体，那么当某个生物体缺少其中一两个特征时，我们就只有两个选择，要么把这个新的生物体排除出去，要么就得无休止地修正我们的定义。

本套书根据地质年代，讲述了从寒武纪到第四纪（更新世）的 307 种史前动物，不仅有恐龙，还有许多其他史前动物。讲述每种动物时，使用相同的体例，方便读者阅读。

从 1970 年给双冠龙命名以来，我们对恐龙的认识比历史上任何时期都更加完善。

鲸龙

目·蜥臀目·**科·**鲸龙科·**属＆种·**牛津鲸龙

鲸龙是第一种被发现且被描述的蜥脚类恐龙。鲸龙的脊椎很重，这表明它通常会伸长着脖子，而不会抬着头。

重要统计资料

化石位置：英格兰

食性：食草动物

体重：9.9 吨

身长：15~18 米

身高：9 米

名字意义（指拉丁学名名字意义，后不赘述）："鲸鱼蜥蜴"，因为它脊椎的大小和结构与鲸鱼很相似

分布：人们在英格兰怀特岛的北部海岸发现了各种化石，其中包括鲸龙

化石证据

　　虽然鲸龙在 1841 年就被发现了，但是直到 1869 年它们才被确认为是一种恐龙。在人们第一次研究它的时候，鲸龙是科学家们已知最大的陆生动物。一开始它的化石被误认为属于某种海生爬行动物。实际上鲸龙是一种食草动物，它会迈开四根柱子般的腿到处游荡，然后用钉子一样的牙齿吃掉树叶。

脊柱

　　鲸龙的脊椎很重，而且又大又原始，这和后来出现的骨头轻且中空的蜥脚类恐龙不一样，这也导致鲸龙的长脖子不太灵活。

后腿

　　鲸龙的腿非常巨大，大腿骨长达 1.8 米。

恐龙
侏罗纪中期—晚期

时间轴（数百万年前）

| 540 | 505 | 438 | 408 | 360 | 280 | 248 | 208 | 146 | 65 | 1.8 至今 |

似鲸龙

目·**蜥臀目**·科·**梁龙科**·属 & 种·**史氏似鲸龙**

重要统计资料

化石位置: 英格兰

食性: 食草动物

体重: 未知

身长: 15 米

身高: 6 米

名字意义: "像鲸鱼蜥蜴一样",因为人们认为它和鲸龙很相似

分布: 随着汹涌的海浪不断侵蚀英国南部海岸的峭壁,新的化石慢慢显露了出来,其中包括似鲸龙化石

化石证据

由于似鲸龙无法将头抬得比肩膀高很多,所以它会吃长在低处的植物。它会将长长的脖子伸进茂密的树叶中。因为沼泽地支撑不了它庞大的体重,所以它也可能将脖子伸到沼泽里的植物中。从尾巴的根部到尖部,似鲸龙的椎骨越来越小,所以它的尾巴看起来是逐渐变细的。如果似鲸龙可以依靠后腿直立,并将尾巴当作一个支撑物,那它尾巴中一连串呈叉状的骨头或许可以保护它的血管。

恐龙
侏罗纪中期—晚期

虽然似鲸龙是根据鲸龙命名的,但它实际上和梁龙的关系更近。似鲸龙是一种动作迟缓的蜥脚类恐龙,它会把植物叶子整个吞下,很可能依靠胃中的胃石来研磨食物。

尾巴

似鲸龙在相互竞争雌性的关注,或在威吓敌人时,会甩动它逐渐变细的尾巴,制造出很响的爆裂声。

牙齿

似鲸龙的嘴巴前部长有钉子状牙齿,可以用来吃植物。但它不咀嚼植物,而是将植物整个吞下。

时间轴(数百万年前)

540	505	438	408	360	280	248	208	146	65	1.8 至今

勒苏维斯龙

重要统计资料

化石位置：欧洲

食性：食草动物

体重：2 吨

身长：5 米

身高：2.7 米

名字意义："勒苏维的蜥蜴"，是人们根据曾经居住在它化石发现地的法国部落取的名字

分布：人们在法国里昂附近发现了第一批勒苏维斯龙化石，其余化石位于英格兰

化石证据

在复原这种早期剑龙时，古生物学家靠的是 3 具骨架碎片和 10 具分离的骨骼遗骸，主要是甲胄和四肢骨头的碎片。后来人们发现其中一些遗骸其实属于另一种叫作铠甲龙的物种。其中两具骨架表现了这两个物种的一个不同点，那就是铠甲龙并没有肩刺。剑龙的典型性骨板又小又窄，它的脖子和背部有 22 块尖刺，尾巴上有 12 块尖刺。

恐龙
侏罗纪中期—晚期

勒苏维斯龙是一种早期剑龙，而且是华阳龙的近亲，和非洲的钉状龙也很像。它是一种食草动物，很可能以群居方式生活，以侏罗纪时期的植物为食。古生物学家之所以对它感兴趣，有一部分是因为它和后来出现的更为发达的剑龙有反差。不过之后出现的剑龙的肩膀上也有尖刺。而且让人有些意外的是，之后的剑龙还进化出了更小的头和更尖的嘴，使它们能吃的植物种类比勒苏维斯龙能吃的更少。

尖刺

勒苏维斯龙背上的骨板有防御功能，或许还能通过加热或冷却血液来调节体温。

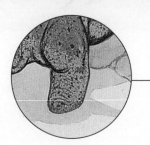

前腿

勒苏维斯龙长长的前腿可以帮它碰到长在高处的植物。后来出现的剑龙则进化出了更长、更大的后腿。

装甲完备

勒苏维斯龙将它作为食草动物的温和举止隐藏了起来：它是一个装甲完备的动物，可以进行完美的还击。除了背上长着两排骨板之外，它的尾巴上还有一到两组尖刺。如果它精确地摆动尾巴，那些尖刺可以造成毁灭性的打击。

肩刺

在所有剑龙中，勒苏维斯龙的那对肩刺是最大的，长 1.2 米，极具威慑力。早期对勒苏维斯龙的复原将这些尖刺放在了臀部的位置，但现在人们认为它们应该在肩膀上。之所以会产生困惑，是因为这些尖刺不是附着在骨骼上，而是附着在皮肤上。皮肤无法被石化，所以也就没有化石可以表明这些尖刺存在的真实的位置。如果勒苏维斯龙可以用它强壮的后腿迅速转身，用尖刺对准攻击者，这些尖刺应当可以为它提供有力的保护。

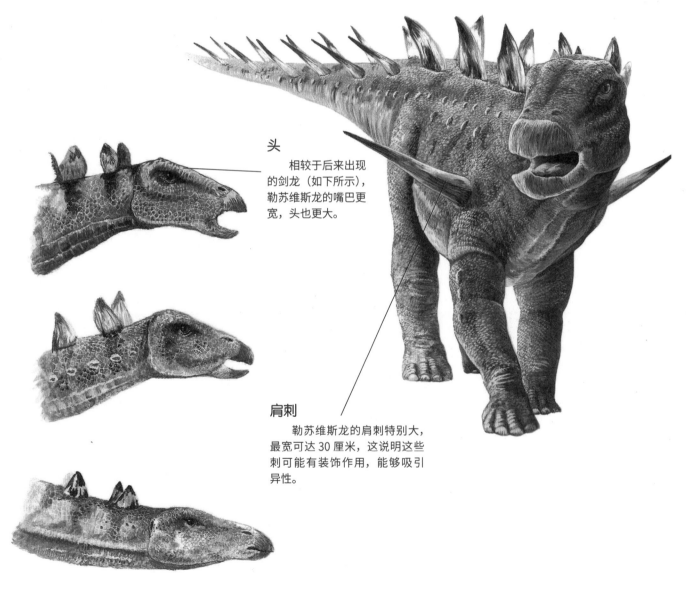

头

相较于后来出现的剑龙（如下所示），勒苏维斯龙的嘴巴更宽，头也更大。

肩刺

勒苏维斯龙的肩刺特别大，最宽可达 30 厘米，这说明这些刺可能有装饰作用，能够吸引异性。

时间轴（数百万年前）

| 540 | 505 | 438 | 408 | 360 | 280 | 248 | 208 | 146 | 65 | 1.8 至今 |

滑齿龙

目·蛇颈龙目·科·上龙科·属 & 种·残酷滑齿龙

重要统计资料

化石位置: 欧洲

食性: 食肉动物

体重: 未知

身长: 7~10 米

身高: 未知

名字意义:"平滑侧边的牙齿",因为它的牙齿有一边很平滑

分布: 滑齿龙在侏罗纪晚期的欧洲深海中巡逻,从下方攻击那些粗心大意的猎物

化石证据

滑齿龙处于海洋食物链最顶端。这种蛇颈龙目动物非常凶猛,它很可能会捕食海洋中的鱼类、小一些的蛇颈龙目动物、鱼龙目动物和鲨鱼。它细长的头骨长达 1.5 米,固定的肌肉可以提供强大的咬合力,它一口下去可能足以咬碎任何动物的骨头。滑齿龙可能是张着嘴游泳的,这样水就可以进入它上颚的鼻孔。随着水从它眼睛旁边的鼻孔流出,滑齿龙就可以在水中嗅到猎物的气息。

这种蛇颈龙目动物是侏罗纪时期欧洲海洋的顶级杀手。滑齿龙是一种与恐龙同时代的掠食性水生爬行动物,它是有史以来最大的蛇颈龙目动物之一。

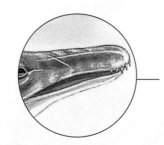

颌
滑齿龙致命的、极具破坏性的颌中长着较长的圆锥状牙齿,它的牙齿数量是暴龙的两倍。

脚蹼
滑齿龙有四个巨大的脚蹼,可以在水中推动它前进,使它可以在伏击猎物时立刻加速。

史前动物
侏罗纪中期—晚期

时间轴(数百万年前)

540	505	438	408	360	280	248	208	146	65	1.8 至今

沱江龙

目·鸟臀目·科·剑龙科·属&种·多棘沱江龙

沱江龙是亚洲已知最大的剑龙亚目恐龙，它生活在侏罗纪晚期的开花植物与亚热带森林中。它的脊柱上长有两排独特的骨板，这是剑龙亚目恐龙的典型特征。

重要统计资料

化石位置: 中国

食性: 食草动物

体重: 未知

身长: 7 米

身高: 2 米

名字意义:"沱江的蜥蜴"，是为了纪念流经化石发现地的中国河流

分布: 源于中国四川省的沱江

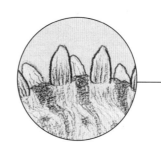

骨板

沿着脖子、背部和尾巴，沱江龙长有 17 对垂直的尖刺，这使它对敌人很有威慑力。

化石证据

沱江龙窄小的头中有个小小的大脑。沱江龙长着一个没有牙齿的角质喙，它可能会用大部分时间进食，例如蕨类植物、苏铁植物和其他地面植物。沱江龙颚中的牙齿比较小，而且比较无力。它一般会用树叶状颊齿咬碎植物，而不是咀嚼植物。沱江龙的后腿比前腿更长，因此它很可能靠两条腿直立，从而够到更高处的植物。沱江龙跑起来很慢，它会依靠长有尖刺的尾巴和骨板来恐吓捕食者。

尾巴

两组尖刺从沱江龙尾巴的末端骇人地伸出，使它可以有效地抵御捕食者。

恐龙
侏罗纪晚期

时间轴（数百万年前）

540	505	438	408	360	280	248	208	146	65	1.8 至今

沟椎龙

目·蜥臀目·科·腕龙科·属＆种·沟椎龙

当人们第一次发现沟椎龙化石时，科学家难以想象如此巨大的动物居然能够一直在陆地上行走而不觉疲惫。专家原先认为它可能会有一部分时间生活在水里。

重要统计资料

化石位置：马达加斯加、英国、坦桑尼亚

食性：食草动物

体重：未知

身长：20 米

身高：10.7 米

名字意义："有沟痕的脊椎"，取名于它脊椎的形状

分布：英格兰、马达加斯加和坦桑尼亚

化石证据

沟椎龙的前腿比后腿长，可以帮助它支撑起那相当长的脖子。细长的脖子使它能够碰到树的顶端，然后它的勺子状的牙齿就能将叶子撕下来。沟椎龙不会将叶子咀嚼成浆状，而是将叶子碎片直接吞下。它的胃中很可能有胃石，可以帮助它将植物碾碎，变成能够消化的状态。

鼻孔

沟椎龙的鼻孔长在头顶部，因此它可以边吃东西边呼吸，而且不会吸入小的植物碎片。

牙齿

长长的勺子状牙齿能帮助沟椎龙从高高的树上撕下粗糙的叶子。它会用牙齿咬碎植物，而不咀嚼。

恐龙
侏罗纪晚期

时间轴（数百万年前）

540	505	438	408	360	280	248	208	146	65	1.8 至今

弯龙

目·鸟臀目·科·禽龙科·属&种·全异弯龙

弯龙是禽龙的原始祖先，它可以依靠后肢直立行走，但是靠四肢进食。因为弯龙的前肢要短一些，所以当它四肢着地时，看起来会有点驼背。

重要统计资料

化石位置：美国、英国、葡萄牙

食性：食草动物

体重：最重可达 1.1 吨

身长：5~7 米

身高：1 米

名字意义："可弯曲的蜥蜴"，因为它臀部的椎骨可能尚未融合

分布：13 号里德采石场在美国怀俄明州科摩崖附近，人们已经在这里发现了很多化石

化石证据

弯龙长着一个没有牙齿的角质喙，可以将叶子从树上夹下来。它的颚中排列着几百颗树叶状牙齿，可以将植物咬碎。弯龙的后腿非常强壮，能进行高效冲刺，当它在面对肉食性捕食者时，如异特龙，这个特征可以帮助它存活下来。弯龙可能生活在迁徙的兽群中，需要经常去寻找新的植物供给地。

蹄
弯龙的前后肢都长着蹄，而非锋利的爪子。它的前蹄使它四足着地时，行走更容易。

尾巴
当弯龙在逃离捕食者时，尾巴或许可以帮助它迅速转弯。当它在高速奔跑时，可能只需快速移动尾巴就可以改变方向。

恐龙
侏罗纪晚期

时间轴（数百万年前）

540	505	438	408	360	280	248	208	146	65	1.8 至今

嘉陵龙

目·鸟臀目·科·剑龙科·属&种·关氏嘉陵龙

嘉陵龙的大脑差不多只有一个高尔夫球大小。它的背上长着可怕的尖刺，让这种行动缓慢的恐龙在面对攻击者时也能有一些防护。

重要统计资料

化石位置: 中国

食性: 食草动物

体重: 150 千克

身长: 4 米

身高: 未知

名字意义: "嘉陵江蜥蜴"，这是为了纪念中国的河流嘉陵江

分布: 中国

化石证据

嘉陵龙用四足在侏罗纪大地上游荡。它的脚爪为蹄状。由于嘉陵龙的后腿比前腿更长，所以它会向前倾斜。嘉陵龙的喙和现代龟类很像，没有牙齿，可以将树叶咬下来。它小小的颊齿可以将植物咬碎。两排骨板沿着脊柱生长，一直从嘉陵龙的脖子延伸到背中部。它的背中间长有两排可怕的尖刺，一直长到尾部。

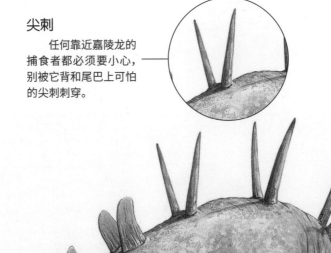

尖刺
任何靠近嘉陵龙的捕食者都必须要小心，别被它背和尾巴上可怕的尖刺刺穿。

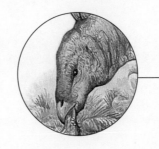

大脑
相较于它重达 150 千克的身体来说，嘉陵龙的大脑很小，这说明它的智力非常低下。

恐龙
侏罗纪晚期

时间轴（数百万年前）

540	505	438	408	360	280	248	208	146	65	1.8 至今

虚骨龙

目·蜥臀目·科·虚骨龙科·属 & 种·脆弱虚骨龙

虚骨龙是一种两足食肉动物, 它的腿很长, 骨架很轻, 因此可以快速奔跑。它的速度可以帮助它捕杀猎物以及逃避大型捕食者。

重要统计资料

化石位置: 美国西部

食性: 食肉动物

体重: 20 千克

身长: 2 米

身高: 1.8 米

名字意义: "中空的尾巴", 因为它尾骨中空

分布: 虚骨龙的化石被保存在美国康涅狄格州纽黑文的耶鲁大学皮博迪自然历史博物馆中

化石证据

中空的结构减轻了虚骨龙尾椎骨的重量。较轻的长尾巴既能保持平衡, 也能控制方向。当虚骨龙在高速奔跑时, 尾巴可以帮助它快速转弯, 改变方向。虚骨龙的腿又长又壮, 因此它行动十分敏捷, 而且能轻松扑倒猎物。同时这也使虚骨龙可以熟练地避开饥饿的大型食肉动物。虚骨龙的小牙齿十分锋利, 所以它很可能会吃蜥蜴以及小型哺乳动物。

恐龙
侏罗纪晚期

手

虚骨龙的手为三指, 指头末端长着弯曲的指爪, 可以紧紧抓住猎物, 然后刺穿它挣扎的身体。

脚爪

虚骨龙可能会站在猎物的身上, 然后用它的爪子将猎物开膛, 这样它就能轻松吃到猎物的内脏。

时间轴 (数百万年前)

540	505	438	408	360	280	248	208	146	65	1.8 至今

叉龙

目·蜥臀目·科·叉龙科·属＆种·汉氏叉龙

叉龙是一种食草动物，它对捕食者没有什么防御能力。但是，像它这种体形的蜥脚类恐龙，单靠巨大的体形就足以威慑住攻击者。

重要统计资料

化石位置：坦桑尼亚

食性：食草动物

体重：16.5 吨

身长：13~20 米

身高：6 米

名字意义："叉子蜥蜴"，因为它脊椎上的神经棘呈叉子状

分布：叉龙的骨头被发现于坦桑尼亚的敦达古鲁岩床，这是一个化石丰富的地方

化石证据

叉龙是一种生活在侏罗纪晚期的大型蜥脚类恐龙，它和其他食草动物生活在一起，它们很可能以不同高度、不同种类的植物为食，因此不会为同一种植物竞争。一旦叉龙在一个地方吃完了所有它喜欢吃的植物，它就会再去一个新地方。叉龙很可能是成群迁徙，处于统治地位的成年叉龙在前方领路，幼年叉龙紧跟其后，老年叉龙则在最末。当遇到攻击时，成年叉龙可能会将幼年叉龙包围起来，保护它们。

恐龙
侏罗纪晚期

牙齿

叉龙有着蜥脚类恐龙标志性的钝齿，这些牙齿很适合用来每天吃大量植物。

腿

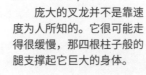

庞大的叉龙并不是靠速度为人所知的。它很可能走得很缓慢，那四根柱子般的腿支撑起它巨大的身体。

时间轴（数百万年前）

| 540 | 505 | 438 | 408 | 360 | 280 | 248 | 208 | 146 | 65 | 1.8 至今 |

梁龙

目·蜥臀目·科·梁龙科·属 & 种·长梁龙

从它完整的骨架来看，梁龙是已知最长的恐龙。它的脖子长达 8 米，包含 15 块椎骨；尾巴长达 14 米，由近 80 块椎骨组成。

重要统计资料

化石位置：美国西部

食性：食草动物

体重：11~22 吨

身长：27 米

身高：到臀部的高度为 5 米

名字意义："双横梁"，人们根据它尾巴下侧骨头的结构将之命名

分布：美国怀俄明州的莫里孙组地层富含侏罗纪时期河流和洪泛平原的化石

化石证据

因为梁龙的鼻孔长在头顶处，所以一开始科学家认为它生活在水中。在他们的想象中，梁龙会一直将水没到头顶，然后把鼻孔当作浮潜设备来呼吸。不过梁龙鼻孔的位置可能确实可以让它在吃东西时呼吸，而且不会吸入树叶碎片。和其他蜥脚类恐龙一样，梁龙大部分时间都在吃柔软的叶子。梁龙皮肤纹理的化石表明它的背上长有小刺。

恐龙
侏罗纪晚期

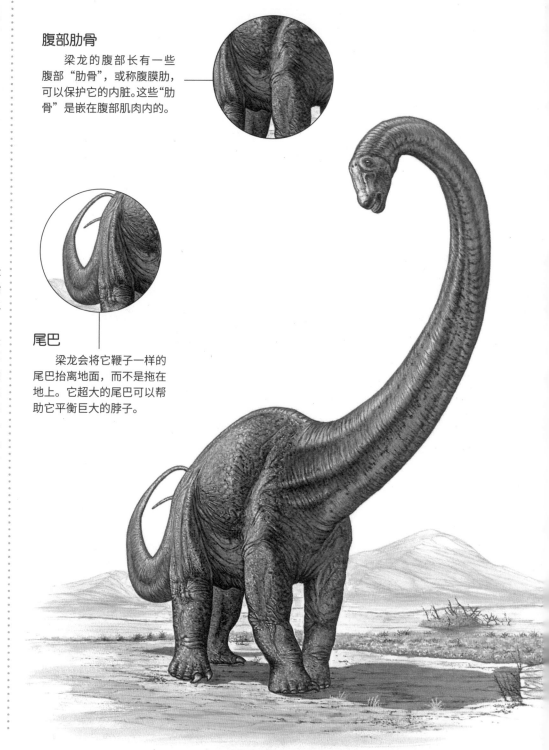

腹部肋骨

梁龙的腹部长有一些腹部"肋骨"，或称腹膜肋，可以保护它的内脏。这些"肋骨"是嵌在腹部肌肉内的。

尾巴

梁龙会将它鞭子一样的尾巴抬离地面，而不是拖在地上。它超大的尾巴可以帮助它平衡巨大的脖子。

时间轴（数百万年前）

540	505	438	408	360	280	248	208	146	65	1.8 至今

龙胄龙

目·鸟臀目·科·分类未定·属＆种·兹氏龙胄龙

重要统计资料

化石位置：葡萄牙

食性：食草动物

体重：未知

身长：2.1 米

身高：80 厘米

名字意义："龙胄"，因为它有甲胄

分布：葡萄牙的洛里尼扬博物馆中收藏了一批在该地区发现的恐龙化石

龙胄龙是一种原始甲龙，长有五种不同类型的甲胄。当它遭到攻击时，可能会趴下身子，用爪子紧扣地面，只将有甲胄保护的背部露在外面。

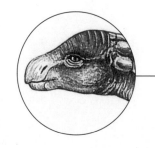

眼睑

龙胄龙的眼睑内部有骨头支撑，这样的骨质眼睑可能是为了保护眼睛不会被攻击者挖出来。

化石证据

龙胄龙身上有甲胄。它会依靠四条又短又壮的腿缓步而行，宛如行走的坦克。龙胄龙行动的速度很慢，而且智力较为低下，因此它只能依靠沉重的铠甲生存。龙胄龙脆弱的腹部既没有尖刺，也没有瘤状骨板、鳞屑和角状骨板保护。当它遭到攻击的时候，它可能会将腹部紧贴地面，用爪子紧扣着地，这样它才不会被翻过来。龙胄龙的头像梨子一样，头上长着一个没有牙齿的角质喙，可以将植物吃掉。

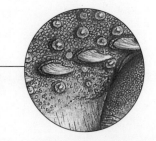

甲胄

龙胄龙的皮肤上附有骨板，这些骨板被称为皮内成骨。骨板有多种形状，例如角状、刺状或瘤状。

恐龙
侏罗纪晚期

时间轴（数百万年前）

540	505	438	408	360	280	248	208	146	65	1.8 至今

轻巧龙

目·蜥臀目·科·新角鼻龙类·属＆种·班贝格氏轻巧龙

轻巧龙是一种轻型两足食肉动物。这种行动敏捷的捕食者可能会搜寻小型哺乳动物、蜥蜴、昆虫和脆弱的幼年蜥脚类恐龙。一只无人照顾的幼龙会成为一群掠食成性的轻巧龙的完美食物。

重要统计资料

化石位置：坦桑尼亚

食性：食肉动物

体重：210 千克

身长：5~6.2 米

身高：到臀部的高度为 1.5 米

名字意义："体重轻的蜥蜴"，因为它体形细长

分布：坦桑尼亚是非洲侏罗纪晚期化石储量最丰富的国家之一

化石证据

轻巧龙长长的后腿和僵直的尾巴使其成为高效迅捷的伏击型捕食者。由于轻巧龙和腕龙、叉龙等大型蜥脚类恐龙处于同一时代，所以它只能以更小的动物为食，比如小型爬行动物、两栖动物或哺乳动物。它可能也会吃被其他捕食者杀死的大型恐龙的腐肉。轻巧龙可以快速冲刺，这一特点对它捕食和逃离危险都很有帮助。当它逃跑时，僵直的尾巴可以用来保持平衡。

恐龙
侏罗纪晚期

眼睛

由于轻巧龙的眼睛面向前方，所以它很可能从远处发现猎物，并且精确判断它们之间的距离。

脖子

如果轻巧龙碰巧发现了一具大型恐龙的尸体，它长长的脖子很适合伸进尸体内部。

时间轴（数百万年前）

| 540 | 505 | 438 | 408 | 360 | 280 | 248 | 208 | 146 | 65 | 1.8 至今 |

盘足龙

目·蜥臀目·科·盘足龙科·属＆种·师氏盘足龙

盘足龙的鼻孔长在头顶处，这一特点和那些会游泳的动物很像。科学家们一开始以为盘足龙是在水下生活的，只需将头顶露出水面呼吸即可。

重要统计资料

化石位置：中国

食性：食草动物

体重：未知

身长：10~15 米

身高：5 米

名字意义："适合沼泽的脚"，因为它宽大的后脚很适合在沼泽地上行走

分布：盘足龙是在中国山东省被发现的，该地位于巍峨的太行山脉以东

化石证据

通过分析盘足龙的化石，我们知道该恐龙不会在水下生活。对于像盘足龙这么大的动物来说，当它在水下时，胸部会承受特别大的水压，以至于无法呼吸。盘足龙不能将头抬得高出肩膀太多，这点和其他许多蜥脚类恐龙一样。

脖子

盘足龙的长脖子十分灵活，可以在树间自由伸展，或许它也会将脖子探过水面，去吃水生植物。

脚

盘足龙靠四条强壮的腿行动。它宽大的脚面可以分散体重带来的压力，使自己不会陷入柔软的泥土中。

恐龙
侏罗纪晚期

时间轴（数百万年前）

540	505	438	408	360	280	248	208	146	65	1.8 至今

简棘龙

目·蜥臀目·科·圆顶龙科·属 & 种·原简棘龙

简棘龙是在北美地区发现的最原始的蜥脚类恐龙，它的脖子和尾巴都比其他蜥脚类恐龙的更短。行动缓慢的简棘龙可能会成群迁徙，不断寻找新的食物来源。

重要统计资料

化石位置：美国西部

食性：食草动物

体重：14.3 吨

身长：21.5 米

身高：7 米

名字意义："单一的棘"，因为它的脊椎特别简单

分布：简棘龙的第一个化石是由一个大学生在挖莫里孙组地层时发现的

化石证据

简棘龙的足迹化石表明，像它这样的蜥脚类恐龙，行动时并不会将尾巴拖在地上。缺少简棘龙拖曳尾巴的痕迹表明它可能会将尾巴抬离地面，从而与长长的脖子达到平衡状态。像简棘龙这么大的蜥脚类恐龙，可以在柔软的泥土中留下长度超过 1 米的脚印。它的后脚脚印比前脚脚印更大。

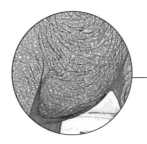

腹部

因为简棘龙很可能以苏铁植物和针叶树为食，而这些植物的营养成分很低，所以它必须吃大量植物以获取足够的能量。

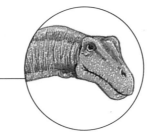

脖子

简棘龙的肩膀和脖子的骨头几乎都是实心的，这可能会导致它很难将头抬到肩膀之上。

恐龙
侏罗纪晚期

时间轴（数百万年前）

540	505	438	408	360	280	248	208	146	65	1.8 至今

奥斯尼尔龙

目·鸟臀目·科·真鸟脚类·属＆种·雷克斯奥斯尼尔龙

重要统计资料

化石位置：美国

食性：食草动物

体重：未知

身长：1.4 米

身高：60 厘米

名字意义："为了奥塞内尔"，是为了纪念美国古生物学家奥塞内尔·查理斯·马什

分布：化石搜寻者们在美国科罗拉多州的莫里孙组地层、犹他州以及怀俄明州都挖掘出了奥斯尼尔龙的骨骼

化石证据

奥斯尼尔龙是一种小型两足食草动物。它的两条腿虽然细，但是很有力量，而且小腿很长，这使它可以快速冲刺。为了避免成为异特龙或嗜鸟龙的美食，它最好的防御方式就是逃跑，它可能还会在奔跑中快速改变方向，因为其僵硬的尾巴可以帮助转向并保持身体平衡。奥斯尼尔龙会用它的角质喙去咬灌木及长在低处的植物。它偶尔可能还会吃昆虫。一些科学家推测奥斯尼尔龙有颊囊，当它在咀嚼食物时，颊囊可以防止食物从嘴里掉出来。

恐龙
侏罗纪晚期

奥斯尼尔龙与许多巨大的肉食恐龙处于同一时代，小型食草动物很容易就变成了那些大型恐龙的盘中餐。奥斯尼尔龙体形较小，表明它适合奔跑，而非打斗。

眼睛

奥斯尼尔龙的大眼睛朝向前方，它很可能有着敏锐的视力和绝佳的景深感知，可以帮助它发现并躲避天敌。

牙齿

奥斯尼尔龙的颊齿像小凿子一样，上面长着釉质，而且可以自行磨尖。当牙齿互相碰撞摩擦的时候，那些牙齿会越来越尖。

时间轴（数百万年前）

540	505	438	408	360	280	248	208	146	65	1.8 至今

四川龙

目·蜥臀目·**科·**坚尾龙类·**属 & 种·**甘氏四川龙

重要统计资料

化石位置: 中国

食性: 食肉动物

体重: 100~150 千克

身长: 6~8 米

身高: 未知

名字意义: "四川蜥蜴", 是为了纪念它的发现地——中国四川省

分布: 四川龙是在位于喜马拉雅山脉东侧的四川盆地被发现的

化石证据

　　四川龙具备侏罗纪兽脚亚目恐龙的典型特征, 有直立的姿势、强健的身体、粗壮的脖子以及较短的前肢。虽然四川龙并不是恐龙中跑得最快的, 但是它的腿很强壮, 而且像鸟一样的脚能够跑得足够快, 这足以使它成为可怕的狩猎者。四川龙可能会奇袭猎物, 并将爪子刺进它们的身体。四川龙的脚爪可以撕裂肌肉和肌腱, 但最致命的可能还是用它有力的下颚咬穿猎物的脖子。

恐龙
侏罗纪晚期

　　四川龙看上去像是一种小型异特龙, 但它和体形更大的兽脚亚目恐龙一样杀伤力强大。四川龙弯曲的牙齿、锋利的爪子以及好斗的天性, 使它成为一种可怕的狩猎者。

颌

　　四川龙的头很大, 颌部像剪刀一样, 里面都是弯曲的尖牙, 这些尖牙就是为撕咬肉体而生的。

爪子

　　四川龙用来抓东西的前爪有三个指头, 指头长着爪子, 它会将爪子刺入猎物的身体, 撕开一道可怕的伤口。

时间轴 (数百万年前)

540	505	438	408	360	280	248	208	146	65	1.8 至今

极龙

目·蜥臀目·科·分类未定·属&种·极龙

重要统计资料

化石位置: 美国西部

食性: 食草动物

体重: 60.6~143.3 吨

身长: 25~30 米

身高: 15~16 米

名字意义: "超级蜥蜴",
因为它体形巨大

分布: 侏罗纪晚期时,
极龙生活在如今的美国
科罗拉多州, 那里是巍
峨的落基山脉拔地而起
的地方

化石证据

极龙的体形是如此
巨大, 以至于角鼻龙和
异特龙可能都不敢攻击
它。一群如此巨型的蜥
脚类恐龙实在是太有威
慑力了。极龙会迈开四
根柱子般的腿在林间穿
梭。如果这种动物是群
居生活, 那么每当它们
行动时, 它们脚下的大
地必定会随之震动。许
多科学家认为极龙可能
只是更大的腕龙。

恐龙
侏罗纪晚期

如果没有因为疾病或者意外而死亡,
也没有沦为一群捕食者的美餐, 巨大的极
龙可能活到 100 岁。

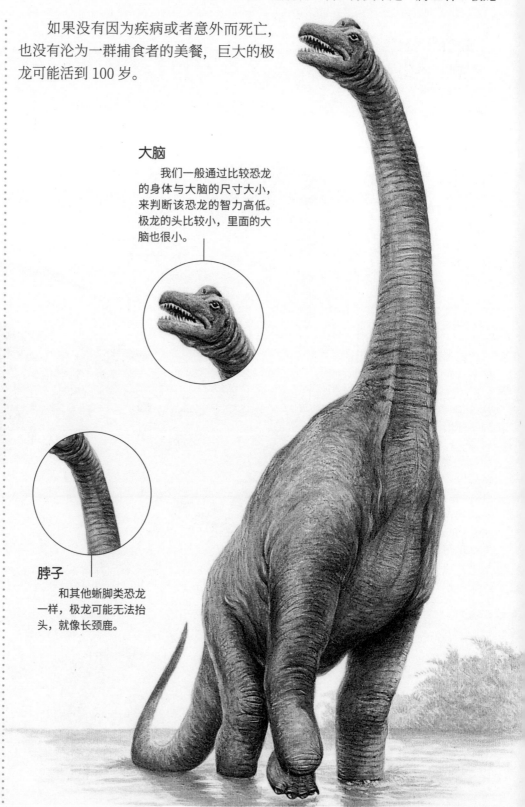

大脑

我们一般通过比较恐龙
的身体与大脑的尺寸大小,
来判断该恐龙的智力高低。
极龙的头比较小, 里面的大
脑也很小。

脖子

和其他蜥脚类恐龙
一样, 极龙可能无法抬
头, 就像长颈鹿。

时间轴 (数百万年前)

540	505	438	408	360	280	248	208	146	65	1.8 至今

永川龙

目·蜥臀目·科·中华盗龙科·属&种·上游永川龙

永川龙是生活在剑龙亚目恐龙和蜥脚类恐龙中体形最大的捕食者之一。它被分类成肉食恐龙，即一种大型肉食兽脚亚目恐龙。它可能会成群捕猎。

重要统计资料

化石位置: 中国

食性: 食肉动物

体重: 2350 千克

身长: 6~10 米

身高: 4.6 米

名字意义: "永川蜥蜴"，因为它是在中国重庆市永川区被发现的

分布: 永川龙是在中国重庆市永川区上游水库大坝建造过程中被发现的

化石证据

永川龙是在中国发现的最完整的恐龙化石骨架之一，其中只缺少了一个前肢、一只脚和尾巴的一部分。永川龙在被发现时的姿势表明，它死后脊柱中的韧带会收缩，并且会将身体拉成一个"死亡姿势"。永川龙强有力的颚中长着锯齿状牙齿，可以将肉撕开，将骨头咬碎。如果永川龙的一颗牙齿在攻击猎物时脱落了，之后那个地方会长出一颗新牙。

头骨

永川龙巨大的头骨不是实心的，其中有被称为"窗孔"的中空结构，可以减轻它头部的重量。

背

一些科学家认为，永川龙的脊柱上有一个较低的脊峰，使它看起来有点驼背。

恐龙
侏罗纪晚期

时间轴（数百万年前）

540	505	438	408	360	280	248	208	146	65	1.8 至今

锐龙

重要统计资料

化石位置：欧洲

食性：食草动物

体重：1~2吨

身长：最长10米

身高：未知

名字意义："非常锐利的尾巴"，因为它的尾刺很长

分布：锐龙化石在英格兰、法国、西班牙和葡萄牙的劳尔哈地区都有发现

化石证据

锐龙于1875年在英格兰被命名，是剑龙亚目恐龙中第一个被命名的。20世纪90年代，人们又陆续在法国和西班牙发现了锐龙化石。但是最有用的化石是在葡萄牙被发现的，在那里人们发现了五具完整的幼龙骨架，还有一个恐龙蛋可能也属于锐龙。法国的标本原先被保存在勒阿弗尔博物馆，但是该博物馆在"二战"时期遭到轰炸，标本也被摧毁。由于这些被研究的标本特征差异很大，所以有些人认为它们属于不同的物种。

恐龙
侏罗纪晚期

当一堆骨架混乱又不完整，而且里面一些骨头还可能属于其他动物时，根据这些骨架来判断恐龙的模样是非常困难的，其中的故事会十分曲折。这一点在锐龙身上已经得到了证明。锐龙最开始的名字叫奥玛龙，但是后来人们意识到这个名字已经被其他恐龙使用了，之后，这种恐龙的尺寸开始膨胀，有时它被列出的体长为4.4米。现在锐龙被视为体形最大的剑龙，身长差不多有10米——可以与它更为出名的亲戚剑龙相抗衡。

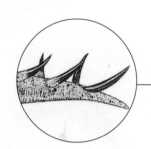

尾刺

这种食草动物行动缓慢，可能会依靠锋利的尾刺来保护自己，使自己不会被行动更快的捕食者伤害。

脚趾

和剑龙科中的其他成员一样，锐龙的脚有三趾，前爪有四指。由于没有爪子，所以它是依靠背甲进行防御的。

目·鸟臀目·科·剑龙科·**属 & 种**·装甲锐龙

比开始认为得更大

在目前发现的锐龙盆骨中，最大的有 1.5 米宽，这就是为什么一些古生物学家认为这种野兽的体形大小被严重低估了。臀部如此之宽的动物将会是非常大的，尤其是当你将它大腿骨超过 1 米长这一点也纳入考量的时候。由于那些更为完整、小型的标本都是幼龙，所以人们很难就该物种的体形大小达成一致。

背部骨板

锐龙背上的骨板更像是尖刺而不是三角状，这表明它是一种早期原始剑龙。沿着它的背部，长有两排骨板，另有两排锋利的长尖刺长在它的下背部和尾巴上。已发现的尖刺中，最长的有 45 厘米。这种骨板和尖刺的组合与后来出现的剑龙非常不同。

前肢和脊椎

锐龙的前肢很长，脊椎很原始，这能进一步证明它是一种非常典型的剑龙科动物。

时间轴（数百万年前）

| 540 | 505 | 438 | 408 | 360 | 280 | 248 | 208 | 146 | 65 | 1.8 至今 |

嗜鸟龙

目·蜥臀目·科·虚骨龙类·属＆种·赫氏嗜鸟龙

重要统计资料

化石位置: 美国西部

食性: 食肉动物

体重: 11 千克

身长: 2 米

身高: 0.3 米

名字意义: "抢劫鸟类者", 因为原先人们认为它会吃鸟

分布: 在侏罗纪晚期, 美国怀俄明州位于劳亚超级大陆的西部

化石证据

嗜鸟龙的身体很轻, 腿又长又壮, 因此可以快速行动。嗜鸟龙的尾巴有平衡作用, 可以在奔跑时控制方向, 它很可能会攻击小型哺乳动物、蜥蜴或是无人照顾的幼龙。嗜鸟龙的头部狭窄, 嘴巴里排列着锋利的圆锥状牙齿, 最大的牙齿都长在嘴前面, 可以用来咬伤和咬住猎物。嗜鸟龙的头骨化石中有一块断了的鼻骨, 导致许多科学家误认为它的口鼻部长有冠。

嗜鸟龙是一种敏捷的两足捕食者, 可以迅速追上猎物。当时正处于大型兽脚亚目恐龙的统治时期, 嗜鸟龙作为一种小型捕食者, 需要时刻保持警觉, 它的大眼睛一直在观察着周围的危险。

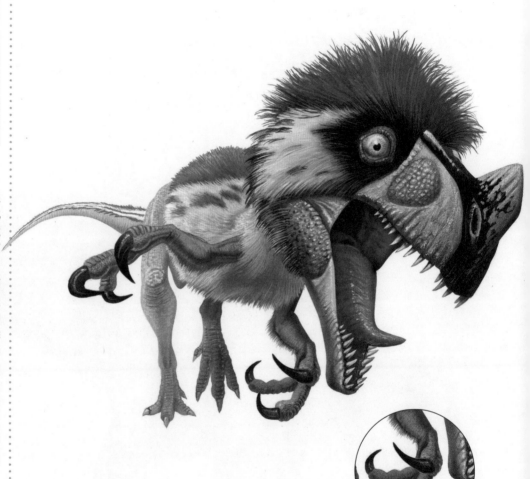

尾巴

嗜鸟龙僵硬的尾巴既是平衡器, 也是方向盘, 使它在追逐猎物时可以快速转弯。

拇指

嗜鸟龙的第三个指头就像拇指一样, 使它可以牢牢地控制猎物。

恐龙
侏罗纪晚期

时间轴（数百万年前）

540	505	438	408	360	280	248	208	146	65	1.8 至今

迷惑龙

目·蜥臀目·科·梁龙科·属&种·埃阿斯迷惑龙

重要统计资料

化石位置：美国西部、墨西哥西北部

食性：食草动物

体重：30.5 吨

身长：21~27 米

身高：到臀部高为 4.6 米

名字意义："骗人的蜥蜴"，因为它骨头的一些细节之处很像沧龙

分布：美国怀俄明州的九英里采石场和骨屋采石场中有不计其数的恐龙化石

化石证据

当奥塞内尔·查利斯·马什在 1879 年描述该物种，并将之命名为雷龙时，他正处于一场叫作"化石战争"的激烈竞争中，他的对手是爱德华·科普。他们两人都想比对方发现更多新的恐龙物种。马什得到了一个属于迷惑龙的无头标本，但他认为那是一个新物种。由于他认为新物种是圆顶龙的近亲，所以根据圆顶龙的构造给新物种安上了头骨，并将该物种命名为雷龙。直到 20 世纪 70 年代，迷惑龙的身体和头骨才被重组在一起。虽然圆顶龙和迷惑龙都是蜥脚类恐龙，但圆顶龙的头骨更大。

恐龙
侏罗纪晚期

在雷龙这个错误名称之下，迷惑龙成了最为知名的恐龙之一。但是，被错误认知和描述的迷惑龙背着这错误的名字和错误的头过了将近一个世纪。

后肢

迷惑龙可能会用后肢直立去碰到高高的树顶，这时它会将尾巴置于地面，来帮助身体保持平衡。许多科学家不相信这种蜥脚类恐龙可以直立。

尾巴

迷惑龙的尾巴像鞭子一样，当它愤怒地挥动尾巴时，可能会发出很大的声响。

时间轴（数百万年前）

540	505	438	408	360	280	248	208	146	65	1.8 至今

始祖鸟

目·始祖鸟目·科·始祖鸟科·属 & 种·印石板始祖鸟

始祖鸟是已知最古老的有羽毛的动物。因为它兼具非鸟型兽脚亚目恐龙和现代鸟类的特征，所以一些理论认为它是这两种动物之间缺失的环节。

重要统计资料

化石位置：德国

食性：食肉动物

体重：300~500 克

身长：65 厘米

身高：30 厘米

名字意义："原始的翅膀"，因为它是已知最古老的有羽毛的动物

分布：德国南部的石灰岩完美地保存了始祖鸟羽毛的形态

化石证据

始祖鸟兼具鸟类和非鸟型兽脚亚目恐龙的特征。它像鸟类一样有翅膀和羽毛，同时又和非鸟型兽脚亚目恐龙一样有一个叉骨，且骨头中空，颌内长有牙齿，骨质尾巴很长，并有爪子。始祖鸟可能会用它的爪子去爬树。人们一直在争论，始祖鸟究竟是从树上掉下来学会飞行的，还是在地面奔跑搜寻小动物时学会飞行的。

翅膀

始祖鸟翅膀的结构更适合滑翔，而非扇动。它的每个翅膀都有三个指头，且有爪子。

羽毛

始祖鸟的羽毛不仅可以起到保温作用，还可以调节体温。和现代鸟类的羽毛一样，始祖鸟的羽毛也可以帮助它飞行。

恐龙
侏罗纪晚期

时间轴（数百万年前）

540	505	438	408	360	280	248	208	146	65	1.8 至今

美颌龙

目·蜥臀目·科·美颌龙科·属 & 种·长足美颌龙

美颌龙是已知体形最小的非鸟型恐龙之一。它的化石如此精美，而且很像鸟类，以至于它可以被用来证明现代鸟类的祖先就是恐龙。

重要统计资料

化石位置: 德国、法国

食性: 食肉动物

体重: 3 千克

身长: 0.7~1.4 米

身高: 到臀部高为 26 厘米

名字意义: "有精美的颌的蜥蜴"

分布: 人们在法国西南部尼斯附近的石灰岩中发现了美颌龙的化石。该种恐龙的化石也在德国被发现

化石证据

美颌龙是一种像鸡一样大的小型恐龙。它可以用细长的腿去追赶猎物。在美颌龙的胃中发现了能够快速奔跑的蜥蜴的骨头，这说明美颌龙行动十分迅速。美颌龙的四肢有三个指头，很适合紧紧抓住正在挣扎的猎物。当这种恐龙在快速追赶猎物时，长长的尾巴可以保持平衡，当它逃离天敌时，尾巴可以帮助它极速转向。最近的化石发现表明，美颌龙很可能被漂亮的绒羽覆盖，绒羽可以起到保温作用。

恐龙
侏罗纪晚期

脖子

美颌龙有灵活的长脖子，可以环伺四周，观察是否有危险，或察看区域内有无猎物。

牙齿

美颌龙的牙齿又小又锋利，很适合吃蜥蜴、昆虫、鱼类和小型哺乳动物。

时间轴（数百万年前）

540	505	438	408	360	280	248	208	146	65	1.8 至今

异特龙

重要统计资料

化石位置：美国和欧洲

食性：食肉动物

体重：2.3 吨

身长：8.5 米

身高：4 米

名字意义："奇特的蜥蜴"，因为它的脊椎很轻

分布：许多异特龙标本都来自美国莫里孙组地层，葡萄牙也存有一些标本，另外人们在坦桑尼亚和澳大利亚也发现了疑似异特龙标本

化石证据

人们已经发现了成千上万块异特龙的骨头，还有它的足印和一些疑似恐龙蛋，这些发现主要集中在美国。不同种类在不同年龄段的化石表明，异特龙会长成许多不同的体形。上面列出的数据是脆弱异特龙的体形数据，该物种是最常被发现的，不过最大的异特龙标本有9.7 米长。有些人列出的数据比这个更大，但那些数据或许实际上属于其他动物。异特龙有着大型兽脚亚目恐龙的典型特征，它有着巨大的头、"S"状的短脖子、缩短的前肢和巨大的后肢，长尾巴可以平衡身体。

恐龙
侏罗纪晚期

异特龙是一个杀戮机器。它行动迅速有力，能够攻击任何遇见的动物，在超过 1000 万年的时间里，它一直是顶级捕食者。由于发现了如此多的标本，所以古生物学家可以详细描绘出它的构造和习性。但是问题仍然存在。它究竟能跑多快？虽然它能快速奔跑，但是它的身体是头重脚轻的，而且如果它倒在短小的前肢上，就会造成极其严重的伤害。它是成群捕猎的吗？虽然它的化石是一起被发现的，但这可能是异特龙死后堆积形成的。

弯曲的爪子

异特龙的前肢长有三个锋利的爪子，爪子弯曲得很厉害，能够将肉撕开，所以当异特龙离猎物很近时，它可能会猛击猎物，对其造成致命伤害。最里面的爪子很像拇指，和其他爪子稍稍分开。爪子能长到长达 15 厘米。当异特龙在进食时，也可以用爪子抓住食物。

目·蜥臀目·科·异特龙科·属 & 种·在异特龙属内有多个物种

捕获更大的猎物

异特龙可怕的牙齿有着不同的大小和形状（最大可达 10 厘米），牙齿末端狭长而弯曲，不过所有牙齿都有锯齿状边缘。这些牙齿可以在猎物的身体上咬出大量流血的深口子。这可以让异特龙去攻击比它自己更大的动物。异特龙可以把铰链式的嘴张得很大，从而吞下大块的肉。

大脑

相较于它的体重来说，异特龙的大脑很大，这表明它是一种相对聪明的恐龙——比它的猎物（主要是食草恐龙）要聪明得多。

平衡

尾巴对身体平衡来说很重要。没有尾巴的帮助，这种头重脚轻的动物可能会摔倒，并且折断它中空的前肢或肋骨。

速度

异特龙的腿又大又壮，因此它能够扑向猎物。异特龙可能会躲在猎物喝水的水潭边，然后从树木的遮蔽处突然出现。

时间轴（数百万年前）

| 540 | 505 | 438 | 408 | 360 | 280 | 248 | 208 | 146 | 65 | 1.8 至今 |

异特龙

目·蜥臀目·科·异特龙科·属&种·在异特龙属内有多个物种

莫里孙组地层

　　虽然人们在全球很多地方都发现了这种兽脚亚目恐龙——异特龙的化石，但是最主要的发现地是莫里孙组地层的侏罗纪晚期沉积岩。该组地层的面积有 1500 万平方千米，其中心位于美国的怀俄明州和科罗拉多州。它是以科罗拉多州的莫里孙市命名的。1877 年，地质学家亚瑟莱·克斯在该组地层中发现了一个脊椎化石，然后他将这个标本寄给了古生物学家奥塞内尔·查利斯·马什，这位古生物学家鉴定了那个化石，并将之命名为异特龙。但是直到 1883 年，人们才发现了完整的异特龙遗骸，当时住在科罗拉多州弗里蒙特县的农场主马歇尔·P. 费尔奇发现了一具几乎完整的骨架。从那时开始，全球已发现了超过 60 个脆弱异特龙的化石，其中大部分来自莫里孙组地层，脆弱异特龙是异特龙中最常见的物种。人们还发现了其他几种恐龙，包括角鼻龙、剑龙和梁龙。1971 年，人们在科罗拉多州的干梅萨采石场发现了谭氏蛮龙，该地区也属于莫里孙组地层。蛮龙是该采石场最早被发现的恐龙，它是北美最大的食肉动物，长达 11 米，重达 2000 千克。

腕龙

重要统计资料

化石位置：美国、欧洲、非洲

食性：食草动物

体重：32~37 吨

身长：25 米

身高：13 米

名字意义："前肢蜥蜴"，因为它前肢很长

分布：自从人们首次在美国的科罗拉多州西部发现腕龙化石后，在欧洲和北非也发现了腕龙化石

化石证据

关于腕龙体形和体重的估算数据差异很大。它的眼鼻位置很高，口鼻部附近的大鼻孔表明腕龙的嗅觉特别灵敏。它无法咀嚼食物，而且很可能需要依靠胃里的石子来帮助消化食物，就像现在的鸡一样。

恐龙
侏罗纪晚期

人们一度以为它是长颈巨龙：一种巨大的食草恐龙，可以伸长脖子去够最高处的树叶。许多科学家现在认为它无法竖着脖子。腕龙是有史以来最大、最重的陆生动物之一，它巨大的体形和坚韧如皮革的皮肤可能足以保护它不受如异特龙等侏罗纪晚期食肉动物的攻击。在讨论一些恐龙是否是恒温动物时，我们也需要考虑维持这样庞大的生命体需要多少热量。如果腕龙自己产生热量，那么它每天就需要吃 200 千克的树叶。冷血动物需要吃的就少一些。

牙齿

腕龙的牙齿是铲状的，仿佛是钉子一样的小铲子，可以咬下树顶新鲜的树枝。腕龙的上下颚分别长了 26 颗牙齿。

头骨和脖子

腕龙的头骨中有许多孔洞，可以减少头部重量。如此长的脖子不可能支撑起一个实心的头骨。

前腿

由于腕龙的前腿很长，所以人们给它取了这个名字。单是它的大腿骨就长达 2 米。

目·蜥臀目·科·腕龙科·属＆种·高胸腕龙，布氏腕龙

长脖子的用处

腕龙竖直的长脖子中有 14 块脊椎，其中有很多中空的空间——否则脖子就会因为太重而无法抬起。早先古生物学家认为这种动物可能生活在水下，然后用脖子将鼻孔伸到水面上呼吸，就像潜水时的通气管一样。虽然水可以支撑起腕龙巨大的身体，但是水压会使其肺部塌陷，而且松软的泥土不足以支撑起它狭窄的脚来阻止它下沉。雄性腕龙在竞争统治权时，可能会用脖子相互对抗。

心血管的力量

这种体形的动物需要极其有力的心脏，从而让血液经过数米长的脖子泵送到大脑。腕龙强健的血管中应该会有很多瓣膜，可以防止血液回流，而且它的血压可能会是我们人类的三到四倍。

时间轴（数百万年前）

540	505	438	408	360	280	248	208	146	65	1.8 至今

腕龙

目·蜥臀目·科·腕龙科·属 & 种·高胸腕龙，布氏腕龙

侏罗纪时期最大的恐龙之一

  腕龙是侏罗纪时期最大的恐龙之一，与它同时代的还有剑龙、橡树龙、迷惑龙和梁龙，上述几种恐龙中没有一种是小型恐龙。事实上，迷惑龙比腕龙稍大一些，而最长可达 45 米的梁龙则要比腕龙大了 56%。像这样的大型恐龙，对生存环境的要求很高，同时也需要足够强壮的体格来保障它们的生存活动。腕龙生活在食物丰富的土地上，吃蕨类植物、本内苏铁植物和木贼类植物，还可能会吃森林里大量生长的苏铁植物和银杏树。一只腕龙每天就可能需要吃掉 182 千克的食物。一些古生物学家认为它们会成群活动，所以它们每天需要从环境中获取的食物总量是巨大的。但是它们庞大的体形至少也给它们带来了一些优势。一些古生物学家认为腕龙是巨温动物，也就是说它们的体积和表面积之间的比例能够使它们保持较高的体温。而且，腕龙身上越多的地方被甲胄覆盖，就越不用和外界密切接触，它们向外界散发的热量也就越少。

角鼻龙

重要统计资料

化石位置：美国、非洲和欧洲

食性：食肉动物

体重：1 吨

身长：6 米

身高：2 米

名字意义："长角的蜥蜴"，因为它鼻端有角

分布：人们在葡萄牙、坦桑尼亚以及美国的科罗拉多州和犹他州都发现了角鼻龙化石

化石证据

要给角鼻龙分类是很困难的，因为虽然它与异特龙、暴龙这样的两足捕食者很像，但是那些兽脚亚目恐龙的背上并没有角鼻龙的那排骨板。角鼻龙的其他特征其实和鸟类更像。硕大角鼻龙这个物种存在的唯一证据就是牙齿，但这唯一的证据就可表明硕大角鼻龙的体形很大，它可能是体形最大的兽脚亚目恐龙之一。我们在其他动物身上发现了疑似角鼻龙牙印的痕迹，但是牙印不能证明角鼻龙是不是杀死猎物的凶手，因为它可能只是以尸体为食。

恐龙
侏罗纪晚期

角鼻龙的下巴很大，沿着背部长有一排骨甲，它鼻子上的角特别与众不同。相较于同时代的异特龙，角鼻龙的体形更小，但这种肉食野兽可以攻击那些比它更大的动物。

背与脊柱

由于角鼻龙的背上有高高的弓状突起，并且脊柱上还长着一排骨板，所以它在战斗中会看起来更大、更凶猛。角鼻龙的这些背部特征可以起到保护作用，同时能够让它看起来更可怕。这些特征或许还能帮它调节体温。

目·蜥臀目·科·角鼻龙科·属 & 种·在角鼻龙属内有众多物种

鼻子和眉角

　　角鼻龙之所以叫角鼻龙，是因为它的鼻子上长有一个大大的角。角的形状像刀片，用处则是个谜。角鼻龙可能会在求偶时用角来区分雌性和雄性，也可能会用角去吸引潜在伴侣或恐吓竞争对手。角鼻龙的眼睛上方还有一对小角，仿佛是隆起的眉毛。随着角鼻龙不断长大，这些角也会越长越大。

眉毛上的小角

　　角鼻龙的那一对小角好像隆起的眉毛，当它在打斗时，这对小角可以保护它的大眼睛。

指爪

　　当时大部分大型食肉动物的前肢都长着三个指爪，但是角鼻龙多长了一个，这个原始特征让角鼻龙的分类变得更复杂了。

后腿

　　角鼻龙的后腿强劲有力，因此它可以在速度上超过猎物和天敌，而且它能够快速冲刺，从而发动突袭并战胜对手。

时间轴（数百万年前）

540	505	438	408	360	280	248	208	146	65	1.8 至今

角鼻龙

目·蜥臀目·科·角鼻龙科·属 & 种·在角鼻龙属内有众多物种

恐龙采石场

角鼻龙化石发掘于美国犹他州中部的克利夫兰劳埃德恐龙采石场以及科罗拉多州的干梅萨采石场。犹他州采石场是世界上恐龙化石储藏量最丰富的地区之一，1929 年开始被挖掘。采石场中的化石岩床已经出产了超过 1.2 万块恐龙骨头，以及 70 多具动物遗骸，这些动物属于 11 种不同的物种。遗骸已经在采石场存在了差不多 1.47 亿年了，直到盖在它们上面的泥土和岩石都被侵蚀掉了，它们才得以重见天日。那些骨头大部分都是零散的，但是当我们把它们放在一起，一些骨头可能可以拼成完整的骨架，例如剑龙和异特龙就已经被重新组装好了，并且在采石场的游客中心被展出。1960 年，犹他大学的科学家和生物学家发起了一项五年计划，要从犹他州采石场中挖掘更多的化石。相关调查在 2001 年又重新开始，这次主要是为了研究为什么犹他州采石场中会有如此丰富的恐龙化石。

钉状龙

重要统计资料

化石位置：非洲

食性：食草动物

体重：400 千克

身长：2.5~5 米

身高：到臀部的高度为 1 米

名字意义："有尖刺的蜥蜴"，因为它背上有尖刺

分布：钉状龙化石只存在于汤达鸠地区，该地区位于东非的坦桑尼亚

化石证据

钉状龙于 1909 年被首次发现，虽然它比它的亲戚剑龙要小得多，但它们也有一些相似之处。它们的背上都长着骨板和尖刺，这是剑龙科动物的常见特征，不过钉状龙的骨板和尖刺要小一些，而且它的肩膀上还另外长有尖刺。钉状龙的尾巴很尖，脖子和肩膀上还长着成对的小三角形骨板。由于钉状龙的许多骨头都在同一个地方被发现，所以人们认为它们是成群生活的。据估算，发现的那些骨头属于差不多 70 个钉状龙标本。

恐龙
侏罗纪晚期

因为钉状龙和剑龙有着非常紧密的关系，所以钉状龙可以帮助我们明白我们的世界是怎么变成这样的。你可能还不懂我为什么这么说，但请你想一想，钉状龙的标本只存在于东非，可它的亲戚剑龙却远在北美洲，这说明现在被称作坦桑尼亚的那片土地曾经和北美洲是连在一起的，因此它和莫里孙组地层也是相连的，这是位于美国西部的一层沉积岩。差不多 1.5 亿年前，东非和北美洲都是超级大陆——泛大陆的一部分，而且它们的气候一定也很相似，因此才孕育出如此相似的动物，后来这些大洲相互分离了，那些曾经关系密切的化石也因此天各一方。

尖刺

尽管钉状龙的刺比剑龙的小，但是这些又长又锋利的尖刺仍然让钉状龙获得了它的名字"有尖刺的蜥蜴"。

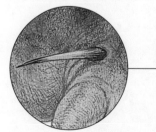

肩刺

和剑龙不同的是，钉状龙的肩膀上还另外长有尖刺。

地面觅食

钉状龙的前腿很短，因此它能把身体弯得很低，从而碰到地面上的植物。钉状龙那没有牙齿的喙会像铲子一样把植物铲起来。为了维持庞大的身体，钉状龙一天中的大部分时间都在进食。

目·鸟臀目·科·剑龙科·属 & 种·埃塞俄比亚钉状龙

尖刺的位置

　　钉状龙的肩膀和脊柱上都长着朝向侧方和后方的尖刺，钉状龙也因此而得名。虽然这些尖刺能让这种食草恐龙看起来更可怕，但我们还无法确定它们的作用到底是什么。尖刺能给钉状龙的身体提供一定保护，但由于它们并没有附着在骨头上，所以我们很难判断尖刺的强度到底如何，具体长在哪里。

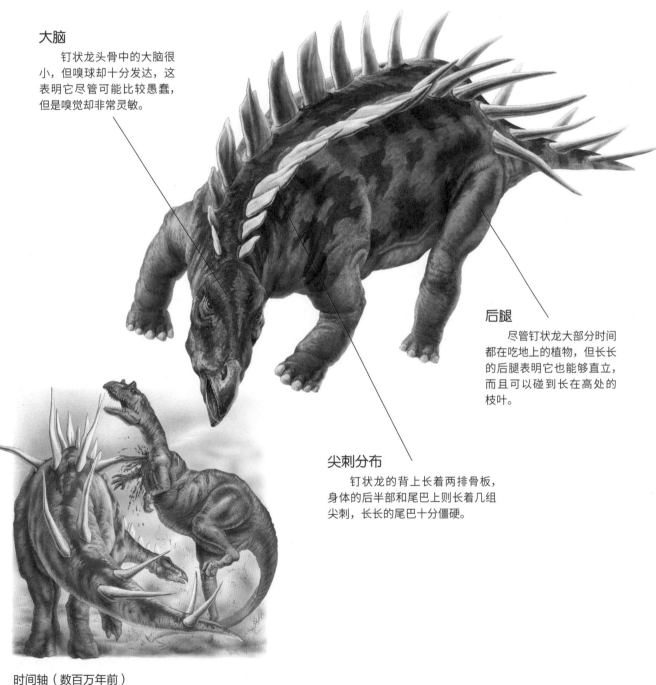

大脑

　　钉状龙头骨中的大脑很小，但嗅球却十分发达，这表明它尽管可能比较愚蠢，但是嗅觉却非常灵敏。

后腿

　　尽管钉状龙大部分时间都在吃地上的植物，但长长的后腿表明它能够直立，而且可以碰到长在高处的枝叶。

尖刺分布

　　钉状龙的背上长着两排骨板，身体的后半部和尾巴上则长着几组尖刺，长长的尾巴十分僵硬。

时间轴（数百万年前）

540	505	438	408	360	280	248	208		146	65	1.8 至今

地震龙

重要统计资料

化石位置：美国

食性：食草动物

体重：最重可达 50 吨

身长：最长可达 45 米

身高：最高可达 13 米

名字意义："地震蜥蜴"，因为它能够让大地震动

分布：人们只在美国的新墨西哥州发现了地震龙化石

化石证据

1991 年，科学家根据一些骨骸，包括各种脊椎、部分脊柱、一些肋骨和部分盆骨，将这种恐龙命名为地震龙。在发现化石的同时，人们还发现了很多疑似胃石，也就是说，这种动物会吞下一些石子来帮助它研磨胃中的食物。复原后的地震龙比梁龙更长，这两种恐龙看起来很像，而且人们认为它们都以树叶为食。像鞭子一样的尾巴和庞大的身躯可以保护地震龙，可能也仅仅是因为它太大了，别的动物无法攻击它。

恐龙
侏罗纪晚期

地震龙是地球上最长的陆生动物之一。它曾用它的短腿重重地踏过侏罗纪晚期的森林。它会挥动着巨大的尾巴，不断伸展长脖子去寻找食物。在化石研究界，人们经常会就地震龙的相关知识展开激烈争论。其中一个争论点是，基于地震龙如此庞大的体重，它能否像人们通常认为的那样，把脖子抬得很高。另一个争论点是，地震龙和梁龙究竟是不是两种不同的物种，由于它们是如此相像，所以地震龙可能只是梁龙属中一个比较长的物种。

腿

为了承载地震龙庞大的身躯，它的腿必须像柱子一样。当它走在湿地上时，可能会有些不稳，所以它更喜欢在坚硬的土地上活动。

尾巴

地震龙的尾巴非常长。由于尾巴是由 80 块小骨头组成的，所以极其灵活，而且可以像鞭子一样甩来甩去。

目·蜥臀目·科·梁龙科·属＆种·哈式地震龙

牙齿

地震龙的牙齿像长钉子，这些牙齿可以帮它从高枝上把叶子咬下来。通过研究地震龙牙齿的磨损情况，人们发现，其中一排牙齿会负责将树叶咬下来，而另一排牙齿则负责将树叶塞进嘴中。地震龙会直接把树叶吞下，而不经过任何咀嚼，所有的消化过程都在它巨大的胃中进行，因此它很可能需要胃石的帮助。

脖子

地震龙会将脖子微微抬离地面。由于地震龙笨重的身体很难穿过茂密的树林，所以它很可能会把脖子伸到森林的边缘。地震龙的头比较小，它可能也会低头去吃那些叶子较软的植物。一些科学家认为地震龙不能将头抬得很高，因为它很难支撑起脖子和头部的重量，而且也很难保持血液的供给。

化石

一只发育完全的成年恐龙倒下并死去，很快，那些会飞的爬行动物就会吃掉它尸体上的肉，余下的机体组织会逐渐腐烂，只有骨头能被保存数百万年。

时间轴（数百万年前）

540	505	438	408	360	280	248	208	146	65	1.8 至今

剑龙

重要统计资料

化石位置：美国、欧洲、亚洲、非洲

食性：食草动物

体重：3100 千克

身长：9 米

身高：到臀部的高度为 2.75 米，整体高度为 4 米

名字意义："有屋顶的蜥蜴"，因为一开始人们认为它背上的骨板就像屋顶的瓦片一样

分布：人们在美国西部和葡萄牙都发现了剑龙化石

化石证据

人们已经发现了各种剑龙的标本，既有像小狗那么大的幼龙标本，也有重达 2.3 吨的成年剑龙标本。标本的主要发现地是美国西部。剑龙的背上长着 17 块骨板，这些骨板排成两排。有时候它们会对称排列，但更多情况下是交替排列的。目前还没有发现完全一样的骨板。至于剑龙是独居还是群居，人们有不同看法。

恐龙
侏罗纪晚期

剑龙是一种标志性恐龙，它的背上长有两排骨板，这一特征使它与众不同。它也是一种充满魅力的恐龙，因为它有一整套完善的防御装备，尾巴上长有尖刺，就连喉咙下方的皮肤都有骨板保护。这些保护对剑龙来说非常必要，因为剑龙是一种行动缓慢的重型食草动物，而且一天中的大部分时间都在吃东西，所以它很可能会经常遇到那些侏罗纪晚期凶猛的捕食者，那些捕食者都长着锋利的爪子。剑龙背部骨板的作用和机制仍然在深深吸引着古生物学家们。

头

相较于剑龙的体形来说，它的头很小，而且根据它背部倾斜的角度，人们可以推断出它大部分时间都是低着头的。

强壮的腿

剑龙的腿很强壮，脚则比较扁平。剑龙可能靠后腿直立，同时用尾巴保持身体平衡。

皮内成骨

剑龙柔软的喉咙被骨板保护着，这些骨板被称为皮内成骨。剑龙的身体侧面可能也得到了皮内成骨的保护。

目·鸟臀目·科·剑龙科·属 & 种·在剑龙属内有众多物种

背部骨板

　　一开始，人们认为剑龙背部的骨板会像屋顶的瓦片一样相互重叠，但现在人们知道那些骨板是垂直于身体的，而且可能无法提供太多的保护。骨板中有一些管状通道，通道由血管填充，因此可以加热或冷却血液，这样就能调节整个身体的温度。而且当那些骨板被血液充满时，还会改变颜色，这可能是为了吸引异性。

尾刺

　　剑龙尾部的四个尖刺是非常强大的武器。一开始人们觉得这些尖刺是垂直伸出的，但现在人们认为尖刺和地面平行。当剑龙甩动尾巴时，尖刺就会扎进攻击者的身体。科学家在一个异特龙化石的背部发现了刺痕，那个伤口的大小和剑龙尾巴上的尖刺完全相符，这恰好证明了前面的观点。

时间轴（数百万年前）

540	505	438	408	360	280	248	208	146	65	1.8 至今

剑龙

目·鸟臀目·科·剑龙科·属 & 种·在剑龙属内有众多物种

伟大的新发现

　　2007 年 1 月，人们在葡萄牙里斯本北部的卡萨尔诺沃发现了剑龙化石，那些剑龙生活在 1.5 亿年前，身上长有骨板。这个发现被誉为伟大的新发现。化石中包括蹄足剑龙的一个牙齿、部分脊柱以及一些腿骨。早在 1877 年，人们就已经在美国挖掘出剑龙化石了，当时剑龙被看作是美国这个新大陆的"原住民"。葡萄牙的这次发现，是人们首次在欧洲发现剑龙化石。不过这并不令人惊讶，因为在剑龙生活的侏罗纪晚期，北美洲和欧洲都是超级大陆——泛大陆的组成部分。泛大陆大约在 2.5 亿年前形成，然后在约 7000 万年后开始分离。地球物理学者认为"很可能"存在一条大陆走廊，那条走廊连接着加拿大东部的纽芬兰和由葡萄牙和西班牙组成的伊比利亚大陆。这条走廊可能只会短暂存在，当海平面上升的时候，它就会沉到水下；当海平面下降，它又会重新出现。当走廊出现的时候，剑龙就能在两块大陆间穿行。

大眼鱼龙

目·鱼龙目·科·大眼鱼龙科·属 & 种·饼状大眼鱼龙

重要统计资料

化石位置:欧洲、北美洲、阿根廷

食性:鱼类、鱿鱼等软体动物

体重:3 吨

身长:最长可达 6 米

身高:未知

名字意义:"眼睛蜥蜴",因为它的眼睛巨大

分布:阿根廷南部的巴塔哥尼亚是世界上最受欢迎的化石搜寻地之一

化石证据

　　大眼鱼龙最引人注目的特征就是它巨大的眼睛。这种鱼龙目动物的眼睛越大,在黑暗的深海中就看得越清楚。大眼鱼龙的眼睛中有骨环,当它受到极大的水压时,这些骨环或许可以防止眼睛变形。尽管大眼鱼龙几乎没有牙齿,但巨大的嘴巴可以一口吞下小型海洋动物。

史前动物
侏罗纪晚期

　　大眼鱼龙不是恐龙,而是一种鱼龙目动物。它是一种史前海生爬行动物。它巨大的身体很像海豚,可以在侏罗纪时期温暖的海洋中穿行。它很可能以鱼类和软体动物为食。

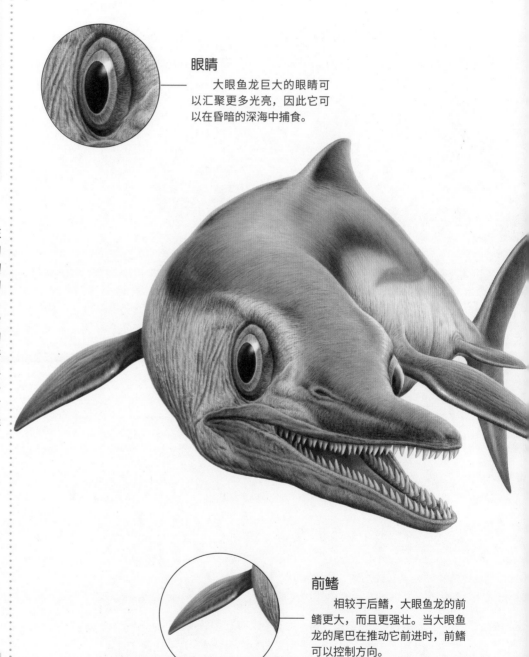

眼睛
　　大眼鱼龙巨大的眼睛可以汇聚更多光亮,因此它可以在昏暗的深海中捕食。

前鳍
　　相较于后鳍,大眼鱼龙的前鳍更大,而且更强壮。当大眼鱼龙的尾巴在推动它前进时,前鳍可以控制方向。

时间轴(数百万年前)

540	505	438	408	360	280	248	208	146	65	1.8 至今

橡树龙

目·鸟臀目·科·橡树龙科·属 & 种·高橡树龙

重要统计资料

化石位置: 坦桑尼亚

食性: 食草动物

体重: 未知

身长: 2.4 米

身高: 未知

名字意义: "树木蜥蜴",
因为它生活在森林中

分布: 人们在坦桑尼亚
的汤达鸠组地层发现了
橡树龙各个阶段的化石

化石证据

　　橡树龙的口鼻部末
端长着一个角质喙,这
个喙可以用来吃植物:
可能是针叶树、银杏树
和苏铁植物。它的颊齿
可以自行磨尖,这些牙
齿会将植物咬成一小块
一小块的,这样方便吞
咽。为了避免成为其他
食肉动物的美食,橡树
龙需要用大眼睛密切注
意天敌——异特龙的行
踪。一有麻烦出现,它
就会立刻用两条长长
的后腿逃走,这时僵硬
的尾巴可以起到平衡
作用。

　　橡树龙是一种骨架很轻的小型恐龙,它很难被抓住 。这种两足食草动物
可以跑得很快,而且它有着敏锐的视觉,因此能够避开捕食者。另外,橡树
龙群居的习性也有助于保障它的安全。

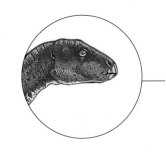

面颊

　　橡树龙的面颊上可能
长着颊囊,当它在吃东西
的时候,颊囊可以防止食
物从嘴里掉出来。

前肢

　　橡树龙的每只前肢上都
长着五个指爪。当它在吃植
物时,可能会用指爪牢牢抓
住树叶和茎杆。

恐龙
侏罗纪晚期—白垩纪早期

时间轴（数百万年前）

540	505	438	408	360	280	248	208	146	65	1.8 至今

准噶尔翼龙

目·翼龙目·科·准噶尔翼龙科·属 & 种·魏氏准噶尔翼龙

准噶尔翼龙是一种生活在白垩纪早期的翼龙，它的鼻子上长着一个骨质冠。嘴又长又窄，而且向上弯曲，看起来就像个钳子。

重要统计资料

化石位置：中国

食性：蟹类、鱼类、软体动物、浮游生物、昆虫

体重：10 千克

身长：翼展有 3 米

身高：未知

名字意义："准噶尔的翅膀"，因为它是在中国的准噶尔盆地被发现的

分布：准噶尔翼龙是在中国西北部的准噶尔盆地被发现的，该地区几乎完全被群山环绕

化石证据

准噶尔翼龙的嘴又窄又尖，而且嘴的前面没有牙齿。准噶尔翼龙的嘴巴后方有一些钝钝的牙齿状突起，它很可能会用这些突起去咬碎贝壳。准噶尔翼龙生活在海边，它会用细长的嘴去抓岩石之间的小型海洋动物。至于那个长在它鼻子上的奇怪的冠状物，没有人能确定它的作用是什么，可能是用来控制方向的，但也可能有其他作用。由于许多准噶尔翼龙化石是在一起被发现的，所以这些翼龙可能生活在同一个地方，它们会在那里照顾幼龙。

史前动物
侏罗纪晚期—白垩纪早期

嘴

准噶尔翼龙的嘴像钳子一样，可能非常适合伸进软体动物和菊石的壳里，然后将里面柔软的生物体给咬出来。

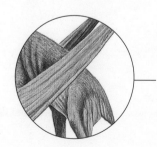

翅膀

准噶尔翼龙的翅膀上有一层十分坚固的革制薄膜，它可以依靠重量较轻的翅膀飞行很远的距离。

时间轴（数百万年前）

540	505	438	408	360	280	248	208	146	65	1.8 至今

加斯顿龙

目·鸟臀目·科·甲龙科·属&种·伯氏加斯顿龙

重要统计资料

化石位置：美国犹他州

食性：食草动物

体重：未知

身长：6 米

身高：未知

名字意义："加斯顿龙"，因为第一个标本是由罗伯·加斯顿发现的

分布：目前，人们只在美国犹他州的雪松山组地层发现了加斯顿龙。但是，人们在英格兰南部发现了与它同属白垩纪早期的亲戚，这两种恐龙非常相像

化石证据

加斯顿龙在 1998 年被命名，它的化石位于雪松山组地层，该地层中存有大量分散的骨层和骨骼物质，那些遗骸都是在白垩纪早期的后半期沉积下来的。尽管我们要确定一只加斯顿龙到底有多少皮内成骨（能够起到保护作用的骨质外皮）是很难的（因为加斯顿龙的骨头是分散的），但由于人们发现了大量加斯顿龙化石，因此它已经成为最广为人知的多刺甲龙了。在发现加斯顿龙的同时，人们还发现了大型肉食恐龙犹他盗龙和其他许多恐龙。尽管恐龙在这些沉积岩中很常见，而且种类很多，但是直到 20 世纪 90 年代早期，人们才开始研究这些动物。

恐龙
白垩纪早期

显然，加斯顿龙身上的那些尖刺和骨板可以起到保护作用。另外我们还可以用它们去区分不同的物种。

骶骨的盾甲

加斯顿龙的骨盆上侧有厚皮肤保护，厚皮肤由皮内成骨组成。这些微小的皮内成骨会在生长发育过程中融合在一起，然后组成一整块骨质盾甲。

甲胄

加斯顿龙皮肤内的皮内成骨多种多样，充分了解它们的解剖结构可以帮助识别散落在地面上的骨质皮肤。

有效的威慑

多刺甲龙是甲龙的一种，身上长着尖刺和骨板。虽然多刺甲龙没有像棍棒一样的尾巴，但尾巴两侧都长着刀片状的三角形铠甲，当它左右甩动尾巴的时候，可能会非常有效地威慑或攻击其他动物。

时间轴（数百万年前）

540	505	438	408	360	280	248	208	146	65	1.8 至今

非洲猎龙

目 · 蜥臀目 · **科** · 巨齿龙科 · **属 & 种** · 阿巴卡非洲猎龙

非洲猎龙是北美异特龙的亲戚。非洲恐龙和北美恐龙的这种亲缘关系表明，在白垩纪早期可能存在一座联系着非洲和北美洲的大陆桥梁。

重要统计资料

化石位置：尼日尔

食性：食肉动物

体重：500 千克

身长：8~9 米

身高：2.5 米

名字意义："非洲猎人"

分布：非洲猎龙之前生活在尼日尔的阿加德兹地区，现在这片区域已经成为撒哈拉沙漠的一部分

化石证据

尼日尔出土了一具几乎完整的非洲猎龙化石。那具骨架是目前在非洲发现的最为完整的白垩纪食肉动物的化石。非洲猎龙是一种两足食肉动物，有着致命的爪子。由于它前侧的身体比较重，所以当它在凶猛地追逐猎物时，会伸展出僵硬的尾巴保持身体平衡。非洲猎龙的骨架细长，行动十分敏捷，对于兽脚亚目恐龙来说，这点很不常见。这种恐龙不但行动敏捷，而且是个凶残的杀手。非洲猎龙的化石是和另一个大型蜥脚类恐龙的化石被一起发现的，那个蜥脚类恐龙可能就是受到了非洲猎龙的攻击。

恐龙
白垩纪早期

牙齿

非洲猎龙满嘴长着锋利的牙齿，而且每颗牙齿长达 5 厘米，因此它的攻击性非常强。

爪子

非洲猎龙的爪子像镰刀一样弯曲着。非洲猎龙能用每只爪上最大的两个爪子来给猎物开膛破肚。

时间轴（数百万年前）

540	505	438	408	360	280	248	208	146	65	1.8 至今

阿特拉斯科普柯龙

目·鸟臀目·科·真鸟脚类·属&种·洛氏阿特拉斯科普柯龙

重要统计资料

化石位置: 澳大利亚

食性: 食草动物

体重: 125 千克

身长: 2~3 米

身高: 1 米

名字意义:"阿特拉斯·科普柯蜥蜴",是为了纪念阿特拉斯·科普柯公司,这个公司制造出了挖掘该化石的工具

分布: 维多利亚州是澳大利亚人口最密集的州。在阿特拉斯科普柯龙存活的时期,那个地方是一片茂盛的洪泛平原

化石证据

　　阿特拉斯科普柯龙是一种小型食草恐龙,可以直立行走。它的体形构造小巧轻盈,因此跑得很快,从而躲避其他生活在同一片土地上的大型天敌。阿特拉斯科普柯龙的脊椎上附着有肌腱,当它奔跑时,这些肌腱可以让尾巴保持僵硬。由于僵硬的尾巴能够起到平衡作用,所以阿特拉斯科普柯龙在逃跑的时候可以快速转弯。

恐龙
白垩纪早期

　　由于目前人们只能通过牙齿和嘴巴的碎片来了解阿特拉斯科普柯龙,所以当人们在描述它时,会参考一些与它关系比较近的恐龙,因为那些恐龙的遗骸会保存得比较完整。能够确定的是,阿特拉斯科普柯龙的牙齿有两种不同的脊状突起。

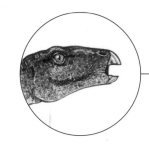

牙齿

　　由于阿特拉斯科普柯龙的牙齿有两种不同大小的牙冠,所以它很可能吃多种植物。

眼睛

　　阿特拉斯科普柯龙会时刻用敏锐的双眼观察环境,以便躲避其他动物的攻击。当阿特拉斯科普柯龙吃植物时,会环视四周,随时准备逃跑。

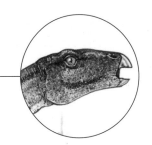

时间轴(数百万年前)

540	505	438	408	360	280	248	208	146	65	1.8 至今

比克尔斯棘龙

目·蜥臀目·科·坚尾龙类·属&种·长棘比克尔斯棘龙

重要统计资料

化石位置：英格兰

食性：食肉动物

体重：900 千克

身长：5~8 米

身高：3 米

名字意义："比克尔斯的脊柱"，是为了纪念该化石的发现者塞缪尔·比克尔斯

分布：人们在英格兰东萨塞克斯郡的哈斯丁岩层的砂岩中发现了比克尔斯棘龙化石

化石证据

由于要确认比克尔斯棘龙究竟属于哪一类恐龙很困难，所以人们直到 1991 年才给它命名。在白垩纪时期，比克尔斯棘龙很可能会悄悄逼近蜥脚类恐龙，然后把刀子一般的爪子刺进猎物的身体，将之开膛破肚，接着用锋利的牙齿去吃猎物的肌肉和内脏。比克尔斯棘龙强壮的嘴巴可以撕开大块的肉，然后将肉整个吞下。当没有活着的猎物时，比克尔斯棘龙可能也会吃动物尸体。

恐龙
白垩纪早期

1884 年，人们在英格兰发现了三个脊椎，脊椎中有长长的棘刺，由此我们可知，比克尔斯棘龙是一种大型兽脚亚目恐龙，它曾在白垩纪的大地上捕杀猎物。

背帆
比克尔斯棘龙的脊柱上可能长着一个背帆，背帆由皮肤组成，可以调节体温。

爪子
比克尔斯棘龙可能会将前爪插进猎物的脖子中，从而保持身体稳定，同时再用脚爪对猎物进行猛烈砍杀。

时间轴（数百万年前）

540	505	438	408	360	280	248	208	146	65	1.8 至今

吉兰泰龙

目·蜥臀目·科·棘龙科·属 & 种·大水沟吉兰泰龙

重要统计资料

化石位置: 中国

食性: 食肉动物

体重: 3630 千克

身长: 6.1 米

身高: 2.7 米

名字意义: "吉兰泰龙", 人们根据它的发现地名称将它命名, 该地位于中国内蒙古

分布: 中国内蒙古

化石证据

1964 年, 人们第一次描述吉兰泰龙, 当时人们认为这种肉食恐龙和异特龙的关系很近。后续研究表明, 它可能是一种原始棘龙, 或一种恐龙分支, 既与异特龙有亲缘关系, 也与棘龙有亲缘关系。要想知道吉兰泰龙到底属于哪一种恐龙, 还需要更多完整的化石资料。

吉兰泰龙是一种大型兽脚亚目恐龙, 生活在白垩纪早期的中国大地上。虽然它并不是跑得最快的恐龙, 但是当它伏击其他恐龙时, 也是最致命的捕食者之一。

眼睛
吉兰泰龙的大眼睛十分敏锐, 一旦眼睛捕捉到任何风吹草动, 它就知道附近有猎物出现了。

胳膊
吉兰泰龙的前肢很长, 所以当它用牙齿给猎物开膛破肚时, 可以将爪子插进猎物的肉中。

恐龙
白垩纪早期

时间轴 (数百万年前)

| 540 | 505 | 438 | 408 | 360 | 280 | 248 | 208 | 146 | | 65 | 1.8 至今 |

闪电兽龙

目·鸟臀目·科·棱齿龙科·属＆种·南方闪电兽龙

重要统计资料

化石位置：澳大利亚

食性：食草动物

体重：未知

身长：1.5 米

身高：未知

名字意义："闪电兽"，因为它的第一个发现地是闪电岭

分布：目前人们只在澳大利亚新南威尔士州的闪电岭和维多利亚州的沿海地区发现了闪电兽龙化石，这两个地方都在澳大利亚的东南部

化石证据

闪电兽龙是生活在白垩纪早期的鸟臀目恐龙。1932 年，弗里德里希·冯·休尼正式对南方闪电兽龙进行了描述，但是还需要找到更多完整的标本，来确定那些骨头是属于一种小型鸟臀目恐龙还是多种恐龙。第一个闪电兽龙标本是在闪电岭被发现的，该地位于澳大利亚新南威尔士州的北部。闪电岭之所以出名，是因为那里盛产欧泊石，而且出土了一些全球最为稀少精致的化石。在闪电岭，埋在地下的骨头分解之后会留下一些洞，有时那些洞会被珍贵的欧泊石填满。白垩纪时期的澳大利亚没有多少哺乳动物，不过其中大部分都生活在欧泊石矿区。

| 恐龙 |
| 白垩纪早期 |

闪电兽龙是一种小型食草恐龙，属于棱齿龙。棱齿龙是一种遍布全球的小型两足食草动物，属于原始鸟臀目恐龙。鸟臀目恐龙中还包括巨大的鸭嘴龙，比如大鸭龙和盔龙。

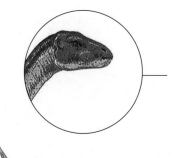

脸颊

许多科学家认为，食草恐龙的齿列是凹下去的，那里会有肉肉的脸颊，可以装下咀嚼过的植物。

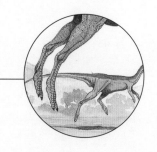

腿

闪电兽龙是一种行动敏捷的两足动物，这一点和许多早期食草恐龙一样。它的后腿很长，所以能够快速逃离天敌。

时间轴（数百万年前）

| 540 | 505 | 438 | 408 | 360 | 280 | 248 | 208 | 146 | 65 | 1.8 至今 |

计氏龙

目·鸟臀目·科·鸭嘴龙科·属＆种·蒙古计氏龙

计氏龙是一种强壮的鸭嘴龙。它以四足行走，但可能用后腿奔跑。计氏龙以植物为食，成千上万颗牙齿可以将植物磨碎。

重要统计资料

化石位置：亚洲

食性：食草动物

体重：1400 千克

身长：8 米

身高：未知

名字意义："计氏龙"，是为了纪念美国古生物学家查尔斯·计尔摩尔，不过计尔摩尔一开始将它分错类了

分布：目前人们只发现了一些不完整的计氏龙骨架，且所有骨架都是在亚洲被发现的

化石证据

1923 年，人们第一次发现了这种鸭嘴龙化石。直到 1979 年，人们才开始仔细研究这种化石，并将之重新分类。2003 年，人们通过分析计氏龙的脊椎化石，发现上面有多种肿瘤。肿瘤的成因尚不清楚。而且令人惊讶的是，在分析了 1 万多个其他恐龙化石标本后，人们发现只有计氏龙和其他鸭嘴龙的身上会有肿瘤。

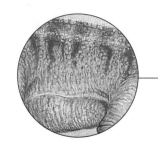

皮肤

计氏龙很可能有着厚厚的革质皮肤，表面长着许多很大的椭圆形结节。

爪子

计氏龙的脚趾像爪子一样，和禽龙很像，这说明计氏龙可能是禽龙的祖先。

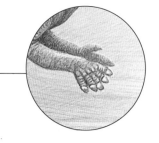

恐龙
白垩纪早期

时间轴（数百万年前）

540	505	438	408	360	280	248	208	146	65	1.8 至今

似鸟身女妖龙

目·蜥臀目·科·似鸟身女妖龙科·属＆种·奥氏似鸟身女妖龙

重要统计资料

化石位置：蒙古国

食性：杂食动物

体重：125 千克

身长：2~3.5 米

身高：未知

名字意义："鸟身女妖模仿者"，是根据神话中的鸟身女妖命名的。鸟身女妖是一种怪兽，有着女人的头和鸟的身体

分布：虽然后来似鸟龙类恐龙迁徙到了北美洲，但是似鸟身女妖龙只生活在中亚地区

化石证据

人们在蒙古国中戈壁省的申克胡达戈组地层中发现了一个不完整的似鸟身女妖龙化石标本，头骨被压碎得很厉害，不过看起来似乎有一个喙，而且下颌上长着又小又钝的牙齿，差不多一边有 10~11 颗。这些牙齿似乎更适合咬住猎物，而不适合将食物咬碎。似鸟身女妖龙的头很小（26 厘米），脖子的长度为 60 厘米。

恐龙
白垩纪早期

似鸟身女妖龙的小腿骨很长，所以跑得很快。不过它也必须得跑得快，因为当它面对天敌时，逃跑很可能是它唯一的防御机制。似鸟身女妖龙的尾巴会直直地指向后方，可以用来保持平衡。

眼睛

似鸟身女妖龙的眼睛分别长在头两侧，所以它有全景视角，可以很好地防御天敌。

爪子

似鸟身女妖龙的爪子像钩子一样，十分锋利，因此它可以一把抓起小型猎物，或者牢牢抓住树枝。

时间轴（数百万年前）

540	505	438	408	360	280	248	208	146	65	1.8 至今

林龙

目·鸟臀目·科·甲龙科·属&种·武装林龙

林龙看起来不太会主动进攻，不过由于它有尖刺和甲胄，所以基本上只有当捕食者把身体翻过来，暴露出腹部时，它才会受到攻击。

重要统计资料

化石位置：英格兰，可能还有法国

食性：食草动物

体重：1.1 吨

身长：3~6 米

身高：未知

名字意义："森林蜥蜴"，是因为这种恐龙是在白垩纪早期的威尔德岩层中被发现的，沉积岩位于英格兰苏塞克斯梯尔盖特森林

分布：林龙一定曾生活在英格兰地区，但人们可能将一个法国的化石误认为是林龙了

化石证据

在"恐龙"这个名词被造出来之前，人们只命名了三种恐龙，林龙就是其中之一。1832年，人们发现了第一个林龙化石，该化石包括了林龙骨架的前半部分，但缺少了大部分头部。通过研究其他化石，我们可以知道，林龙的肩膀上长着三根长刺，臀部长着两根尖刺，另外背上长着三排甲胄。原始的林龙标本在伦敦自然历史博物馆展出，而且仍然保存在被发现时的石灰岩内。

恐龙
白垩纪早期

嘴

林龙会用骨质喙去咬长在低处的植物，它的树叶状颊齿可以用来咬碎食物。

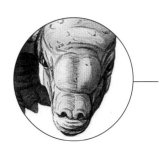

头

林龙头部的长度比宽度更长，不过由于林龙最好的化石不完整，所以人们依旧对其所知甚少。

时间轴（数百万年前）

| 540 | 505 | 438 | 408 | 360 | 280 | 248 | 208 | 146 | 65 | 1.8 至今 |

雷利诺龙

目·鸟臀目·科·棱齿龙科·属 & 种·阿米雷利诺龙

雷利诺龙生活在南极洲的极地森林中，它可能以蕨类植物和木贼类植物为食。它将巢建在地上，然后在巢中下蛋，在蛋被孵出来之前，它会一直守卫在巢边，防止捕食者的攻击。

重要统计资料

化石位置：澳大利亚

食性：食草动物

体重：未知

身长：2~3 米

身高：未知

名字意义："雷利诺蜥蜴"，是以托马斯·A.里奇的女儿雷利诺·里奇和帕特·维克斯命名的，正是这两位古生物学家发现了这种恐龙

分布：雷利诺龙生活在澳大利亚，那时这块大陆位于南极圈内

化石证据

我们在澳大利亚东南部的恐龙湾发现了一块保存完好的雷利诺龙头骨。头骨上有两个巨大的眼窝，后面还有两个突起，视叶就长在那里。根据雷利诺龙大脑的颅内模（大脑腐烂后，沉积物在头骨内形成的化石），可以知道，它有两块大型视叶区域，说明它已经能够适应南极圈黑暗的冬季了。由于目前还没有发现雷利诺龙完整的骨架，所以关于它身体的很多猜测都是基于它的亲戚棱齿龙。

恐龙
白垩纪早期

眼睛

雷利诺龙的眼睛很大，所以它的视力非常好，因此哪怕冬天环境有些昏暗，甚至完全漆黑一片，它也能够存活下来。

身体

和其他大部分非鸟型恐龙不一样，雷利诺龙可能是恒温动物，因此它才能在南极圈内度过冬天。

时间轴（数百万年前）

| 540 | 505 | 438 | 408 | 360 | 280 | 248 | 208 | 146 | 65 | 1.8 至今 |

木他龙

目·鸟臀目·科·未知·属&种·兰登氏木他龙

重要统计资料

化石位置: 澳大利亚

食性: 食草动物

体重: 1.1~4.4 吨

身长: 7 米

身高: 未知

名字意义:"木他布拉蜥蜴",是以澳大利亚昆士兰州的木他布拉小镇命名的,这个小镇距离化石发现地很近

分布: 澳大利亚各处都有木他龙化石

化石证据

多年以来,这种恐龙的化石一直在被牛群踩踏,当地人也会把一些化石碎片捡回家。1963 年,一位叫道格·兰登的农场主发现了一具不完整的木他龙骨架,人们才意识到这些化石的重要性,当地人也被要求把之前捡走的化石还回来。后来,人们又在新南威尔士州和昆士兰州发现了更多化石,其中就包括 1987 年人们在邓卢斯车站发现的"邓卢斯头骨"。

恐龙
白垩纪早期

木他龙的脚很宽大,爪子很像马蹄。它的一排排牙齿像剪刀一样,使它能吃很多其他恐龙无法吃的植物。

牙齿

木他龙只用牙齿将食物切开,而不用牙齿咀嚼食物。通常,木他龙的牙齿是逐排替换的,而不是一个一个替换的。

口鼻部

在木他龙口鼻部上方有一个很大的中空区域,所以木他龙可以发出响亮而独特的叫声。

时间轴(数百万年前)

540	505	438	408	360	280	248	208	146	65	1.8 至今

似鹈鹕龙

目·蜥臀目·科·似鸟龙科·属&种·多锯似鹈鹕龙

重要统计资料

化石位置：西班牙

食性：食肉动物

体重：最重可达 25 千克

身长：2 米

身高：未知

名字意义："鹈鹕模仿者"，因为它的脸很长，而且嘴巴下方有个颊囊

分布：至今为止，人们只在西班牙发现了似鹈鹕龙

化石证据

人们在西班牙拉霍亚的拉忽而归纳组地层的石灰岩中发现了许多保存得很好的化石，似鹈鹕龙就是其中之一。石灰岩中保存了似鹈鹕龙软组织的形状，从中我们可以看出，它的头后侧长有一个冠状物，而且嘴巴下方还长着一个颊囊，这很像现代的鹈鹕。似鹈鹕龙可能会用颊囊装鱼。化石还非常细致地保存了似鹈鹕龙肌肉组织的形状。在所有化石中，只有另一个来自巴西的化石像似鹈鹕龙化石一样保存得这么好。

恐龙
白垩纪早期

似鹈鹕龙的后腿很长，它可以依靠后腿直立行走。似鹈鹕龙会扎进水中寻找猎物。它的手长得像钩子一样，有三根长长的手指，它会用手指将猎物抓起来。

牙齿

几乎没有似鸟龙类恐龙会有牙齿，但似鹈鹕龙却是例外，它有 220 颗牙齿。牙齿都很小，像钉子一样，边缘十分锋利。

皮肤

通过研究似鹈鹕龙化石，我们发现它的皮肤裸露而光滑，上面没有任何鳞甲、羽毛或毛发。

时间轴（数百万年前）

| 540 | 505 | 438 | 408 | 360 | 280 | 248 | 208 | 146 | 65 | 1.8 至今 |

畸形龙

目·蜥臀目·科·腕龙科·属 & 种·康氏畸形龙

重要统计资料

化石位置：英国、葡萄牙

食性：食草动物

体重：未知

身长：15~24 米

身高：未知

名字意义："畸形蜥蜴"，因为它的脊椎和肢骨都巨大无比

分布：由于一些化石被错误地鉴定为畸形龙化石，所以目前我们只能肯定畸形龙曾经生活在英国和葡萄牙

化石证据

19 世纪 40 年代，人们根据一些化石标本，将这种恐龙鉴定为畸形龙，不过之后人们发现当时的某些化石其实是禽龙的。这给对这种恐龙的分类带来了更多的问题。之前人们曾在欧洲发现了一些畸形龙标本，不过现在有人怀疑那些标本的鉴定存在问题。人们在怀特岛也发现了一个标本，其中包括畸形龙的脊椎和肢体碎片。

恐龙
白垩纪早期

面对捕食者时，畸形龙只需站在那里就能抵制住对方，因为它的体形实在是太大了。畸形龙的脖子特别长，能吃到长在高处的树叶，而且能用像凿子一样的牙齿把树叶咬下。

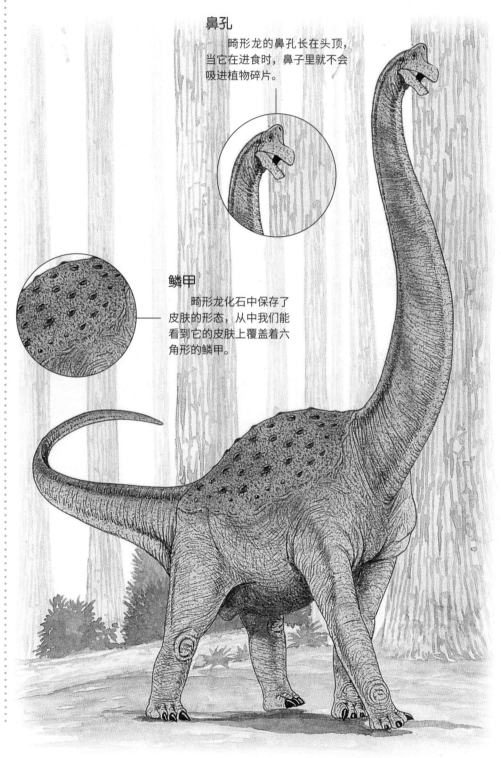

鼻孔

畸形龙的鼻孔长在头顶，当它在进食时，鼻子里就不会吸进植物碎片。

鳞甲

畸形龙化石中保存了皮肤的形态，从中我们能看到它的皮肤上覆盖着六角形的鳞甲。

时间轴（数百万年前）

540	505	438	408	360	280	248	208	146	65	1.8 至今

多刺甲龙

目·鸟臀目·科·甲龙科·属＆种·福氏多刺甲龙

重要统计资料

化石位置：英格兰

食性：食草动物

体重：1.1 吨

身长：4 米

身高：未知

名字意义："许多刺"

分布：多刺甲龙化石分布在今天的西欧大地上

化石证据

1865 年，人们在英格兰的怀特岛发现了一具不完整的多刺甲龙骨架，那个骨架中缺少了头部、脖子、前肢以及身体前侧的甲胄。多刺甲龙化石是在海岸边被发现的，大风和海浪的侵蚀使它的化石显露了出来。一开始，人们认为多刺甲龙的尾部没有尾锤，但是后续的一些发现似乎挑战了这一观点。由于目前多刺甲龙的标本非常少，所以对于多刺甲龙的一些重要部位，例如它的头部，我们都知之甚少。

多刺甲龙又矮又壮，它会用四足缓慢前进，到处寻找食物。多刺甲龙可能以群居的方式生活，而且会和禽龙一同迁徙。

身体

多刺甲龙的身体上方长着角质骨板，肩膀、脊柱和尾巴上都长着尖刺，这些骨板和尖刺都能很好地帮它抵御捕食者。

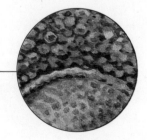

骶骨护甲

骶骨护甲指的是多刺甲龙臀部的一整块骨头，上面覆盖着小结节，但是没有和其他骶骨连在一起。

恐龙
白垩纪早期

时间轴（数百万年前）

| 540 | 505 | 438 | 408 | 360 | 280 | 248 | 208 | 146 | 65 | 1.8 至今 |

林木龙

目·鸟臀目·科·结节龙科·属＆种·柯氏林木龙

相较而言，我们对林木龙的了解非常少。它是一种原始的结节龙，头长得像梨子一样，上面长着一个角质喙，可以用来咬掉植物，上颌上长着颊齿和一些又小又尖的牙齿。

重要统计资料

化石位置：美国

食性：食草动物

体重：未知

身长：2.5~4 米

身高：未知

名字意义："林木蜥蜴"，因为人们认为它生活在森林之中

分布：目前人们只在美国的堪萨斯州发现了林木龙化石

化石证据

迄今为止，我们只发现了林木龙的头骨和骶骨。因此在估测它的体形大小和生活习惯时，都是基于其他与之相似的恐龙。林木龙的头骨有 33 厘米长、25 厘米宽，由此推测，它或许最多可以长到 4 米长。林木龙化石是在达科他组地层被发现的，那个地层中有好几个地质时期的沉积岩，但至今出土的化石数量却很少。那些为数不多的化石都是在美国堪萨斯州被发现的。

恐龙
白垩纪早期

骨刺
林木龙的肩膀和尾巴上可能有骨刺保护。

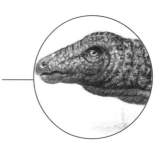

头
林木龙的鼻窦像气球一样，可以放大声音，因此它可以发出特别的响声。

时间轴（数百万年前）

540	505	438	408	360	280	248	208	146	65	1.8 至今

狭盘龙

目·鸟臀目·科·未知·属&种·凡登狭盘龙

重要统计资料

化石位置: 德国

食性: 食草动物

体重: 未知

身长: 1.5 米

身高: 未知

名字意义: "狭窄的盆骨"

分布: 迄今为止, 人们只在德国发现了狭盘龙化石

化石证据

关于狭盘龙, 我们只有不完整的化石, 也就是说古生物学家也不确定这种恐龙的真实身份。一开始人们根据一些尾部肋骨认为它是厚头龙, 但后来人们发现那些骨头其实是骶骨, 而且其中的耻骨似乎缺失了, 但是后来人们发现那里其实是髋臼 (盆骨上的一处穿孔) 的一部分。它坐骨的形状也和其他厚头龙很不一样。在发现更多化石之前, 关于狭盘龙的争议会一直存在。

恐龙
白垩纪早期

关于狭盘龙我们所知甚少, 只知道它是一种小型食草动物, 吃草时会四脚着地, 另外它可能需要胃石来帮它磨碎比较硬的植物。

嘴

虽然目前我们还不知道狭盘龙的头骨是什么样的, 但它可能有一个像鹦鹉一样的喙。另外, 它的牙齿可能比较钝, 只能用来咬断植物, 不能用来咀嚼。

尾巴

可能因为狭盘龙的尾巴中有骨化肌腱, 所以尾巴很僵硬, 从而能够保持身体平衡, 而且当它遇到天敌时, 它可以靠两条后腿直立, 迅速逃跑。

时间轴 (数百万年前)

540	505	438	408	360	280	248	208	140	65	1.8 至今

古神翼龙

目·翼龙目·科·古神翼龙科·属 & 种·沃氏古神翼龙

古神翼龙是一种翼龙，而不是恐龙，也就是说，它是第一批拥有飞行能力的脊椎动物之一。它的体形很小，头骨只有 20 厘米长，尾巴也很短。

重要统计资料

化石位置：巴西

食性：未知

体重：最重可达 25 千克

身长：翼展可达 1.5 米

身高：未知

名字意义："古老的存在"，出自印第安图皮人的神话，图皮人就生活在这种恐龙的化石发现地

分布：人们只在巴西沿海地区发现了古神翼龙化石

化石证据

和别的翼龙一样，古神翼龙的骨头也特别轻，这就意味着当它死后，它的骨头很可能会被压碎。幸好，第一个被发现的古神翼龙化石被保存得很好，并且是立体的。当我们第一次发现它的头骨时，觉得十分惊讶，因为它的头骨很奇怪。由于我们没有古神翼龙胃中食物的化石，所以我们并不知道它吃什么。自从发现古神翼龙后，我们相继发现了一些和它有着相似头骨的近亲。古神翼龙的头冠可能起到方向舵的作用。

史前动物
白垩纪早期

冠
古神翼龙头冠的颜色可能很鲜艳，可能会起到展示作用。

喙
虽然古神翼龙很可能用喙吃水果和浆果，但一些古生物学家认为它也可能会用喙去抓鱼。

时间轴（数百万年前）

540	505	438	408	360	280	248	208	146	65	1.8 至今

腱龙

目·鸟臀目·科·腱龙科·属＆种·提氏腱龙

重要统计资料

化石位置: 美国西部

食性: 食草动物

体重: 1814 千克

身长: 6.5 米

身高: 未知

名字意义: "肌腱蜥蜴",
因为它的脊骨中有强化
的肌腱

分布: 人们在美国的怀
俄明州、得克萨斯州、
蒙大拿州和俄克拉荷马
州都发现了腱龙化石

化石证据

我们已经发现了各
种腱龙的骨架,发现的
骨架化石完整度各异,
既有幼龙的骨架,也有
成年龙的骨架。有些幼
龙是成群被发现的,其
中一群幼龙还有一只成
年龙陪伴。这说明幼年
腱龙要么成群生活,要
么在孵化后先和其他成
年腱龙待在一起,它们
这样可能是为了抵御其
他捕食者。由于我们曾
在腱龙化石旁边发现了
恐爪龙化石,其中包括
恐爪龙断掉的牙齿,所
以我们猜测成群的恐爪
龙可能会捕食腱龙,恐
爪龙是一种体形较小的
肉食恐龙。

腱龙主要靠后腿行走和奔跑,但是它的前肢也很强壮,前肢上长着宽大的掌,每个掌上有五个指爪。腱龙很可能会用指掌去抓长在低处的植物。

牙齿

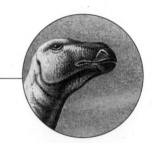

腱龙的颊齿很强壮,
而且顶端是平的,因此它
能够咀嚼比较坚硬的植
物,可能也吃当时刚刚进
化出来的开花植物。

尾巴

腱龙的尾巴足足有身
体的两倍长,由于尾巴中
有一组骨化肌腱,所以它
的尾巴很僵硬。

> 恐龙
> 白垩纪早期

时间轴(数百万年前)

540	505	438	408	360	280	248	208	146	65	1.8 至今

脊颌翼龙

目·翼龙目·科·槌喙龙科·属&种·迈氏脊颌翼龙

脊颌翼龙最明显的特征是其上颌和下颌处都有冠状物，当它掠过水面抓捕猎物时，这些冠状物可以帮它沿直线前进，就像船的龙骨一样。

重要统计资料

化石位置：巴西

食性：很可能以鱼类和头足纲动物为食

体重：14 千克

身长：翼展可达 6.2 米

身高：未知

名字意义："龙骨下颌"，因为它的下颌处有一个冠状突起，就像船上的龙骨一样

分布：人们在巴西发现了脊颌翼龙

化石证据

桑塔那组地层位于巴西东北部，那里是全世界化石含量最丰富的地层之一，我们不断在那里发现各种保存得很好的标本。桑塔那组地层是在 1828 年被发现的，直到现在人们还在持续研究该组地层，而且不断有新发现。1987年，人们将一些化石鉴定为脊颌翼龙，奇怪的是，那些化石都保存得很差。因此，关于脊颌翼龙的鉴定结果仍然存在争议：这种下颌像龙骨一样的翼龙究竟是属于它自己的属（脊颌翼龙属），还是属于原先人们认为的鸟掌翼龙属呢？

史前动物
白垩纪早期

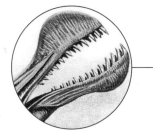

喙

当脊颌翼龙飞行时，可能会忽然从空中俯冲下来。它的喙中长着锋利的牙齿，非常适合咬住鱼类。

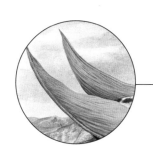

翅膀

脊颌翼龙可用翅膀爬升和滑翔，它可以利用上升的暖气流飞到高空，然后再滑翔到下一个地方。

时间轴（数百万年前）

540	505	438	408	360	280	248	208	146	65	1.8 至今

乌尔禾龙

目·鸟臀目·科·剑龙科·属 & 种·平坦乌尔禾龙

重要统计资料

化石位置: 中国内蒙古

食性: 食草动物

体重: 4.4 吨

身长: 5~8.1 米

身高: 未知

名字意义: "乌尔禾蜥蜴", 因为在化石遗址的附近有一个叫作乌尔禾的小镇

分布: 人们在中亚地区, 尤其是中国西部的内蒙古地区发现了乌尔禾龙化石

化石证据

在发现乌尔禾龙之前, 我们一直认为剑龙在侏罗纪末期就灭绝了。目前我们还没有发现完整的乌尔禾龙骨架, 而且也没有任何它后腿的化石。由于乌尔禾龙的前肢很短, 所以它的背是拱起来的, 甚至可能比其他剑龙亲戚的背拱得更厉害。乌尔禾龙的骨板非常独特, 都是小小的矩形骨板, 而不是长长的三角形骨板。正因如此, 人们仍然就它们的作用争论不休。

恐龙
白垩纪早期

乌尔禾龙比一般的剑龙矮, 因此它很可能会吃长在低处的植物。由于它的前肢尤其短, 而且臀部的宽度超过 1.2 米, 所以它可能会用后腿直立来够到树叶。

骨板

乌尔禾龙的背上和尾巴上都长着矩形骨板, 不过它的身体两侧可能没有什么保护措施。

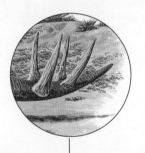

尖刺

在乌尔禾龙的尾巴末端长着一组尾刺 (由四个骨刺组成), 这种布局特殊的尾刺可能也是一种防御手段。

时间轴 (数百万年前)

540	505	438	408	360	280	248	208	146	65	1.8 至今

雅尔龙

目·蜥臀目·科·未知·属 & 种·雅尔龙

重要统计资料

化石位置：英格兰

食性：食草动物

体重：未知

身长：90 厘米

身高：未知

名字意义："在雅尔炮台发现的恐龙"，由发现地的名字命名。雅尔龙的头骨是在英格兰的怀特岛被发现的

分布：迄今为止，人们只在英格兰的怀特岛发现了雅尔龙化石

化石证据

　　人们在 20 世纪 30 年代就发现了雅尔龙化石，但是直到 1971 年，人们才将该化石命名为"雅尔龙"。由于目前人们只有雅尔龙的头部化石，因此关于雅尔龙的鉴定结果仍然存在争议。原先人们认为它属于厚头龙，那是一种头骨很厚的恐龙，不过如果是这样的话，那雅尔龙就会成为唯一一种不是在中国和北美洲被发现的厚头龙了。另外，雅尔龙的头骨是由两个半球组成的，这一特点实在是很独特。它到底是一种早期的厚头龙（后来的厚头龙都是从它进化而来的），还是是一种和鸟类比较接近的手盗龙呢？目前的研究表明，雅尔龙是一种手盗龙。

> 恐龙
> 白垩纪早期

　　目前人们只发现了一块雅尔龙化石，根据那块化石，人们知道雅尔龙的体形很小，而且它很可能依靠后肢直立行走。

头骨

　　雄性雅尔龙的头骨由两个半球组成，当雄性雅尔龙在争夺统治权时，可能会用头彼此相撞。

前肢

　　雅尔龙可能是一种手盗龙，前肢很长，有三个指爪。

时间轴（数百万年前）

540	505	438	408	360	280	248	208	146	65	1.8 至今

敏迷龙

重要统计资料

化石位置: 澳大利亚

食性: 食草动物

体重: 未知

身长: 3 米

身高: 0.9 米

名字意义: "敏迷龙", 因为它是在澳大利亚敏迷渡口附近被发现的

分布: 敏迷龙是在澳大利亚被发现的, 发现地在昆士兰州的敏迷渡口附近。在澳大利亚, 恐龙化石非常罕见, 但是人们已经发现了一些敏迷龙标本

化石证据

人们发现了两个很好的敏迷龙标本, 其中一个标本是个近乎完整的骨架, 骨架结构也很清晰。在澳大利亚, 完整的恐龙化石特别罕见。除了骨架外, 人们还发现了一些疑似敏迷龙的碎片。1964 年, 人们在昆士兰州的邦吉尔组地层发现了首个敏迷龙标本, 直到 1980 年, 人们才将之命名为敏迷龙。敏迷龙是一种原始甲龙, 而且既不属于结节龙科, 也不属于甲龙科。结节龙科和甲龙科是两种主要的甲龙分支。敏迷龙似乎兼具了这两种分支的特征, 而且它的某些特征与那些更为原始的甲龙更像。

恐龙
白垩纪早期

这种甲龙的腿很长, 根据它背部的特征, 人们可以知道它在甲龙中算是跑得很快的了。

身体铠甲

如今, 人们认为敏迷龙的骨质铠甲非常独特, 因为它不仅保护敏迷龙的背部、脖子和尾巴, 还同时保护了它的腹部。

胃容物

有一具敏迷龙的骨架被保存得特别好, 所以人们可以看到它最后一餐吃的是什么。通过研究这些化石, 人们发现敏迷龙可能不需要胃石来帮它消化植物。

目 · 鸟臀目 · 科 · 未命名 · 属 & 种 · 椎旁敏迷龙

骨板

敏迷龙是一种有甲胄的小型恐龙，没有尾锤，不过它的臀部长有朝向后方的三角形骨板。敏迷龙和大多数甲龙都长得不一样，它的后腿比前腿更长，而且腿本身也很长。敏迷龙的脖子也比较短，头比较宽，大脑很小。

你知道吗?

敏迷龙的脊柱上有一种独特的结构，叫作椎旁。目前人们还不知道这种结构的作用是什么，不过它们可能是一些骨化肌腱。

时间轴（数百万年前）

540	505	438	408	360	280	248	208	146	65	1.8 至今

蜥结龙

重要统计资料

化石位置：美国

食性：食草动物

体重：3 吨

身长：7 米

身高：1.8 米

名字意义："有盾甲的蜥蜴"，因为它有角质骨板

分布：人们只在克洛夫利组地层的中段发现了蜥结龙化石，该地层位于美国的怀俄明州和蒙大拿州

化石证据

蜥结龙的上半身覆盖着坚硬的骨板，这些骨板被称为皮内成骨，和鳄鱼的鳞甲很像。蜥结龙脖子上的甲胄又长又尖，这是结节龙科恐龙的常见特征。它的尾巴细长，几乎占到了身体的一半，可能是由多达 50 个脊椎骨组成的。

恐龙
白垩纪早期

如果一种动物需要用大部分时间去吃植物，那它必须要有一些保护措施来抵御肉食捕食者，因为那些捕食者可能会潜伏在它吃东西的地方。甲胄可以有效抵御捕食者的攻击，但甲胄很重，而且会降低行动速度，所以二者要达到某种平衡。蜥结龙不仅提出了难题，也给出了它的解决方法。蜥结龙是一种结节龙。结节龙都是身体比较笨重的食草恐龙，它们会用四足运动，而且皮肤上长着骨板。当它们遭到攻击的时候，就会蹲下身子，以保护柔软的腹部。但是，蜥结龙可能没有这么被动，因为它的肩刺非常大。

后腿

蜥结龙的后腿比前肢长很多，所以它可以直立，不过这样的话，它就会把没有任何保护的身体下侧暴露在外面。

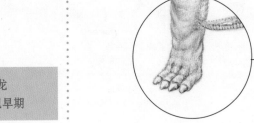

腿

蜥结龙的腿比其他结节龙的腿都长，所以它可以稳步慢跑。

像坦克一样的身体构造

　　蜥结龙的身体构造就像坦克一样。它的上半身长着一排排骨锥，这些骨锥会和小骨钉交替出现。巨大的尖刺从蜥结龙的肩膀伸出，能够保护它脆弱的脖子。蜥结龙的尾巴两侧都长着三角形骨板。捕食者要想咬到蜥结龙，只能将它的身体翻过来，这样蜥结龙没有甲胄保护的腹部就会暴露在外面。

胃

　　蜥结龙的胃特别大，因为它很可能是通过发酵的方式来消化坚硬的植物，这就需要它有一个大肚子，而且这种消化方式会产生大量气体。

头骨和口鼻部

　　从上面看过去，蜥结龙的头骨是三角形的，到口鼻部逐渐变尖。蜥结龙的头骨顶部是平的，这和一些结节龙很不一样，后者的头骨是圆顶状的，头也更大。蜥结龙的口鼻部上长着一个坚硬的角质喙，蜥结龙可以用喙咬断长在低处的蕨类植物和木贼类植物。

时间轴（数百万年前）

540	505	438	408	360	280	248	208	146	65	1.8	至今

西风龙

目·鸟臀目·科·棱齿龙科·属 & 种·沙夫氏西风龙

西风龙是一种行动敏捷的小型动物，可以靠后腿行走，不过当它进食或休息时，可能会四足着地。西风龙很可能是许多大型捕食者的重要食物来源。

重要统计资料

化石位置：美国西部

食性：食草动物

体重：未知

身长：1.8 米

身高：未知

名字意义："西风蜥蜴"，因为它是在美国西部的几个州被发现的，所以人们以希腊的西风之神给它命名

分布：人们已经在美国西部的一些州发现了西风龙化石，但东部的一些州也出土了疑似西风龙化石

化石证据

关于西风龙，人们发现的化石数量很少。在过去很长一段时间里，只有一部分头骨和颅后碎片，这意味着要想给西风龙分类是很困难的，而且人们对西风龙的研究也很少。西风龙的明显特征是上颌处和颊骨上各长着一个结节。现在人们在研究一些新发现的化石，这些化石是七只西风龙化石，包括了身体各个部位的骨头。由于西风龙的一些特征和其他恐龙很像，所以它可能也会挖洞。一位业余古生物学家在美国马里兰州发现了一些足迹化石，那些化石表明，西风龙的生活范围可能比之前人们认为的更广。

恐龙
白垩纪早期

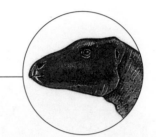

颌

通过研究西风龙牙齿化石的磨损情况，人们发现，它不仅可以上下移动它的颌，还可以左右移动。

后腿

西风龙的后腿很长，因此它可以跑得很快。当它遇到那些体形比较大、行动不太灵活的捕食者时，可能会沿"之"字形逃跑。

时间轴（数百万年前）

| 540 | 505 | 438 | 408 | 360 | 280 | 248 | 208 | 146 | 65 | 1.8 至今 |

南方巨兽龙

目·蜥臀目·科·鲨齿龙科·属&种·卡洛琳南方巨兽龙

南方巨兽龙是有史以来陆地上体形最大的食肉动物之一，它甚至比暴龙还要大。它的头骨长达 1.8 米，大脑的大小和形状都很像香蕉。

重要统计资料

化石位置：阿根廷

食性：食肉动物

体重：最重可达 9.7 吨

身长：14 米

身高：未知

名字意义："南方巨大的蜥蜴"

分布：虽然人们目前只在阿根廷发现了南方巨兽龙化石，但是南方巨兽龙可能曾活跃在南美洲的各个地方

化石证据

1993 年，一个业余化石搜寻者在阿根廷埃尔乔孔附近的荒地中发现了首个南方巨兽龙标本。在那个标本中，南方巨兽龙差不多 70% 的骨架都被保存了下来，其中包括头骨、盆骨、腿骨以及大部分脊椎骨。目前人们又发现了另一个更大的标本。由于人们在南方巨兽龙化石的旁边还发现了泰坦巨龙的遗骸，所以南方巨兽龙很可能会捕食泰坦巨龙这种巨大的食草动物。南方巨兽龙可能成群狩猎，因为许多化石都是在同一个地点被发现的。

恐龙
白垩纪早期

脸

南方巨兽龙的眼睛周围长着突起，这些突起会遮挡它的视线。不过南方巨兽龙的鼻孔特别大，而且嗅觉很灵敏，可以帮它找到猎物。

前肢

南方巨兽龙的前肢很小，尽管前肢可以帮它从地上爬起来，但它可能不怎么用前肢。

时间轴（数百万年前）

| 540 | 505 | 438 | 408 | 360 | 280 | 248 | 208 | 146 | 65 | 1.8 至今 |

棱齿龙

目·鸟臀目·科·棱齿龙科·属 & 种·福氏棱齿龙

重要统计资料

化石位置: 英格兰、葡萄牙

食性: 食草动物

体重: 50 千克

身长: 2 米

身高: 未知

名字意义: "高冠蜥的牙齿", 因为这种恐龙的牙齿和一种鬣蜥高冠蜥的牙齿很像。"高冠蜥"就是得名于它的背上长着高冠状的棘刺

分布: 人们已在英格兰的怀特岛和葡萄牙发现了棱齿龙化石

化石证据

在古生物学的早期阶段, 人们就发现了棱齿龙, 但是对它的认识一直是错误的。1849 年, 人们发现了棱齿龙化石, 当时认为它是禽龙, 1870 年, 这个错误被纠正。1882 年, 有人推测这种恐龙会爬树, 直到 1974 年, 这种猜测才被认为是完全错误的。1979 年, 人们在达科他组地层发现了一块大腿骨化石, 当时认为这是首次在欧洲之外发现的棱齿龙化石, 但后来发现它并不属于棱齿龙。人们还曾发现过一些骨板化石, 本以为那些骨板是甲胄, 但现在认为那不过是软骨的印痕罢了。

| 恐龙 |
| 白垩纪早期 |

棱齿龙是一种相当原始的恐龙, 从侏罗纪晚期到白垩纪早期, 它几乎没什么变化。它的每只前肢上都有五个指爪, 而且颌前部也长有一些牙齿, 与它同时代的其他动物都已经没有这些特征了, 那些动物的进化程度更高。

嘴

棱齿龙大部分牙齿都长在颌的后面, 这说明它有颊囊, 颊囊可以方便它咀嚼食物。

后腿

棱齿龙的身体很轻, 小腿很长, 大腿又短又壮, 因此它能快速奔跑, 而且大部分捕食者都追不上它。

时间轴（数百万年前）

| 540 | 505 | 438 | 408 | 360 | 280 | 248 | 208 | 146 | 65 | 1.8 至今 |

克柔龙

目·蛇颈龙目·科·上龙科·属＆种·昆士兰克柔龙

重要统计资料

化石位置：澳大利亚、哥伦比亚

食性：食肉动物

体重：最重可达 24 吨

身长：7~9 米

身高：未知

名字意义："泰坦蜥蜴"，来源于希腊神话中的泰坦神克罗诺斯，因为这种恐龙的体形特别大，而且食欲非常旺盛

分布：克柔龙曾在澳大利亚和哥伦比亚浅浅的内海中游泳

化石证据

人们已经发现了一些克柔龙标本，其中一个标本的头骨长达 3 米（差不多是它身长的三分之一）。克柔龙的许多标本都没有被很好地保存，其中最著名的标本是在哈佛大学展出的一具不完整骨架，然而不幸的是，在挖掘这具骨架时，人们是用炸药将周围岩石炸开的，所以骨架也遭到了一定的破坏。由于人们在复原克柔龙的时候，使用了大量的巴黎石膏，因此它又被戏称为巴黎石膏龙。如今人们认为复原后的克柔龙可能比实际的长了差不多 4 米。

史前动物
白垩纪早期

克柔龙是一种生活在远海中的爬行动物，会呼吸空气。它很可能以鱼类、软体动物以及其他爬行动物为食，它还会吃鲨鱼。目前人们还不知道它是在陆地上产卵，还是在海洋中生育。

脚蹼

由于克柔龙的四个脚蹼就像船桨一样，所以它可以在水中快速前进。这些脚蹼可能还可以帮助它在陆地上移动，就像现代海豹一样。

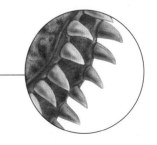

嘴

克柔龙的颌部充满了肌肉，它的门牙长达 23 厘米，由此可知它是一种凶猛的捕食者。

时间轴（数百万年前）

| 540 | 505 | 438 | 408 | 360 | 280 | 248 | 208 | 146 | 65 | 1.8 至今 |

豪勇龙

目·鸟臀目·科·未分类·属＆种·尼日豪勇龙

重要统计资料

化石位置: 尼日尔

食性: 食草动物

体重: 最重可达 4.4 吨

身长: 最长可达 7 米

身高: 未知

名字意义: 豪勇龙在尼日尔的图阿雷格部落语言中的意思是"勇敢蜥蜴"

分布: 人们在尼日尔发现了豪勇龙化石，那时的尼日尔几乎和现在一样热

化石证据

　　1966 年，人们在撒哈拉沙漠的埃什卡尔组地层发现了两具完整的豪勇龙骨架。一开始，人们认为骨架属于禽龙，直到 10 年后，它们才被正确鉴定为豪勇龙。那两具骨架可能都是雄性恐龙。豪勇龙的鼻子上长着一对隆起物，人们尚不清楚这些隆起物的作用是什么，有人猜测它们是一种性别特征，只有雄性豪勇龙才会有隆起物。豪勇龙的口鼻部比禽龙长很多，而且表面有角质护层。

恐龙
白垩纪早期

　　豪勇龙几乎没有什么防御机制，它的背帆或背部突起可以让它看起来更大一些，巨大的体形或许足以威吓捕食者。豪勇龙是食草动物，它的喙十分锋利，很适合把植物咬断。

背部突起 / 背帆

　　豪勇龙的背上可能是背帆，可以加热和冷却血液；也可能是突起，可以储存食物，就像现代骆驼的驼峰一样。

指爪

　　豪勇龙的指爪是个不错的武器。第五根指爪很长，可以用来抓取食物。

时间轴（数百万年前）

| 540 | 505 | 438 | 408 | 360 | 280 | 248 | 208 | 146 | 65 | 1.8 至今 |

鹦鹉嘴龙

目·鸟臀目·科·鹦鹉嘴龙科·属 & 种·在鹦鹉嘴龙属中有众多物种

鹦鹉嘴龙是一种食草动物，为了获得足够的能量，它必须吃大量食物，因此它一天中的大部分时间可能都在吃东西。鹦鹉嘴龙的牙齿可以自行磨尖，很适合咬断坚硬的植物。

重要统计资料

化石位置：蒙古国、俄罗斯、中国、泰国

食性：食草动物

体重：50 千克

身长：1.5 米

身高：未知

名字意义："鹦鹉蜥蜴"，因为它的喙像鹦鹉的一样

分布：鹦鹉嘴龙是一种数量丰富的恐龙，人们在蒙古国、俄罗斯、中国和泰国都发现了它的化石

化石证据

人们已经发现了400 多个鹦鹉嘴龙标本，从刚孵化出的幼崽到成年恐龙都有，因此人们可以仔细研究它的成长过程。2003 年，人们在中国发现了一个鹦鹉嘴龙的巢穴，其中有 1 只成年龙和 34 只幼崽，这说明父母会保护它们的孩子。由于一些鹦鹉嘴龙的骨架是重叠的（可能是死于自然灾害），所以它们应该会成群生活，这可能是为了抵御捕食者。人们在一些鹦鹉嘴龙的标本中发现了胃石，说明鹦鹉嘴龙会吞一些小石子来帮助消化，就像现代鸟类吞沙砾一样。

恐龙
白垩纪早期

身体

鹦鹉嘴龙的皮肤上有鳞甲覆盖，一些鳞甲比较小，像球状突起；另一些比较大，像骨板一样。这些鳞甲可能给鹦鹉嘴龙提供伪装。

喙

鹦鹉嘴龙的喙像钩子一样，十分坚硬，它可以用喙将水果和种子撬开。喙的顶部有一根骨头，这是鹦鹉嘴龙的一个特点。

时间轴（数百万年前）

| 540 | 505 | 438 | 408 | 360 | 280 | 248 | 208 | 146 | 65 | 1.8 至今 |

高棘龙

重要统计资料

化石位置：美国

食性：食肉动物

体重：2300 千克

身长：最长可达 12 米

身高：5 米

名字意义："有高棘的蜥蜴"，因为它的背部有棘状突起

分布：人们主要在美国西部的俄克拉荷马州和得克萨斯州发现了高棘龙化石，另外在美国东部的马里兰州发现了一些疑似化石

化石证据

人们已经发现了一些很大的高棘龙标本，其中一个标本的头骨约 1.3 米长。由于高棘龙的大腿骨很长，所以它可能比其他体形小的恐龙跑得慢。人们在美国得克萨斯州发现了一些有趣的恐龙化石足迹，这些足迹被认为是高棘龙的。通过足迹化石来看，像是一群高棘龙在追踪一群蜥脚类恐龙，但这个猜测很难被证实。高棘龙的嗅球特别大，表明它可以依靠发达的嗅觉和视觉捕猎。

恐龙
白垩纪早期

高棘龙是最大的兽脚亚目恐龙之一，它和体形小一些的异特龙非常像，它们都是精致的杀戮机器。二者主要的区别在于，高棘龙的背部长着比较低的肌肉棘。

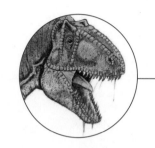

牙齿

高棘龙的颌部十分巨大，颌中长着 68 颗弯曲的牙齿，牙齿十分锋利，呈锯齿状，非常适合将肉撕碎。

有限的活动

通过仔细研究高棘龙的前肢化石，人们发现它的肢体可能无法自由移动，或无法大范围移动。比如说，它碰不到自己的脖子。这说明高棘龙的捕食过程是以嘴巴为主导的，它会先用嘴巴咬伤猎物，然后再用爪子抓紧并割伤猎物。

目·蜥臀目·科·异特龙科或鲨齿龙科·属＆种·阿托卡高棘龙

棘刺

高棘龙的长棘刺一直从脖子长到尾巴。它的一些背棘高达 43 厘米，越靠近尾巴，棘刺越短。这些棘刺似乎附着在强壮的肌肉上，在高棘龙身上形成一个厚厚的肉脊，就像鳍一样。棘刺可能有非常鲜艳的颜色，可以用来传递信号、储存脂肪或控制体温。高棘龙的棘刺比另一种大型兽脚亚目恐龙棘龙的要小得多。

尾巴

高棘龙的尾巴又长又重，可以让重心始终保持在臀部，即便重重的头部动得很厉害，高棘龙也能保持身体平衡。

头骨

高棘龙的头骨十分狭长，眼窝前有一个开口，长度差不多是头骨长度的四分之一，这个开口可以降低头骨的重量。

时间轴（数百万年前）

| 540 | 505 | 438 | 408 | 360 | 280 | 248 | 208 | 146 | 65 | 1.8 至今 |

高棘龙

目·蜥臀目·科·异特龙科或鲨齿龙科·属 & 种·阿托卡高棘龙

盛大的揭幕仪式

1996 年 9 月 8 日，位于美国南达科他州希尔城的黑山自然历史博物馆举行了一场隆重的揭幕仪式，将一具巨大的阿托卡高棘龙骨架展现在公众面前。这次揭幕仪式是许多人多年艰苦工作的成果，他们将在岩层中深埋了1.2 亿年之久的化石变成了一场恢弘的展览，也唯有这样的展出才能匹配如此珍贵的化石。就像其中一位工作人员特里·温兹说的那样："即便是我们这种参与其中的工作人员，在今天看到这具骨架时，也会油然生出敬畏之心。"这样的评价并不意外，因为高棘龙虽然小一些，但它和暴龙一样可怕。从 1983 年到 1986年，两位业余的化石搜寻者——塞菲斯·霍尔和西德尼·洛夫，一共花了 4 年的时间，才将巨大的高棘龙骨架从一个私人场地中挖掘出来，该地位于俄克拉荷马州的麦柯廷县。后来，这具骨架被运到了南达科他州的黑山研究所，在那里，专家们小心翼翼地清理了所有骨头，并修复了骨架。由于这具骨架太过珍贵，以至于直接展出是一件风险很大的事情，所以人们制作出了一个复制品。

阿马加龙

重要统计资料

化石位置：阿根廷

食性：食草动物

体重：5 吨

身长：10 米

身高：4 米

名字意义："阿马加的蜥蜴"，因为它是在阿马加峡谷被发现的

分布：人们只在巴塔哥尼亚的阿马加峡谷发现了阿马加龙化石，该地位于阿根廷西部

化石证据

1991 年，人们复原了一具几乎完整的恐龙骨架，并将这种恐龙命名为阿马加龙。那两排长长的棘刺是它的显著特征。脖子上的棘刺是最长的，最长可达 50 厘米，越靠近臀部，棘刺就越短。尽管对蜥脚类恐龙来说，神经棘并不是什么罕见特征，但阿马加龙的神经棘是目前最为精致的。

恐龙
白垩纪早期

在探寻恐龙世界的过程中，我们尚有许多未解谜团，其中一个有趣的谜团就是阿马加龙到底长什么样子。阿马加龙是一种中等体形的蜥脚类恐龙，和其他蜥脚类恐龙一样，它的身体较为笨重，脖子和尾巴都很长，而且头比较小。可我们不知道它背上的两排长棘刺究竟是什么样子。它们是由一层薄薄的皮肤连接起来形成一个精致的双层背帆，还是它们会支撑某些肉质的脊状物或有颜色的头盾？它们的作用到底是什么呢？

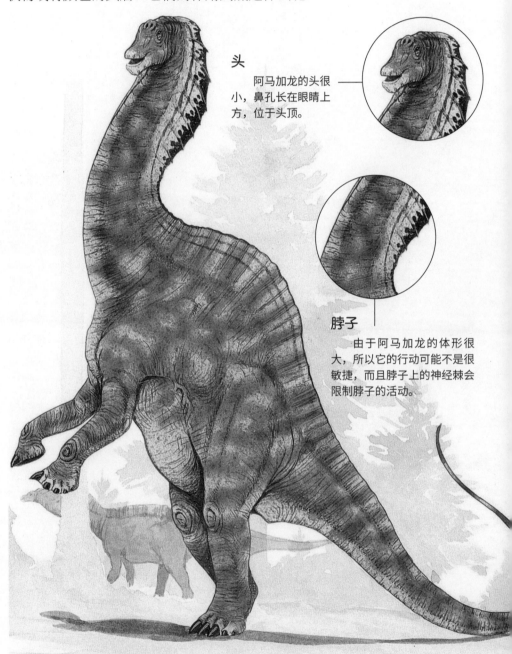

头

阿马加龙的头很小，鼻孔长在眼睛上方，位于头顶。

脖子

由于阿马加龙的体形很大，所以它的行动可能不是很敏捷，而且脖子上的神经棘会限制脖子的活动。

目·蜥臀目·科·叉龙科·属 & 种·卡氏阿马加龙

外形更大

　　棘刺显然可以让阿马加龙看起来更大。更大的体形既有助于威吓捕食者，也有助于在求偶阶段吸引异性。作为防御措施来说，棘刺的作用其实很局限，因为它们比较脆弱，很容易折断，不会给攻击者带来什么威胁。作为有皮肤覆盖的背帆来说，这些棘刺可以调节体温，控制血液的温度，还能起到展示作用。作为有颜色的鬃毛或头盾来说，它可能会通过改变颜色来给其他动物传递信号。

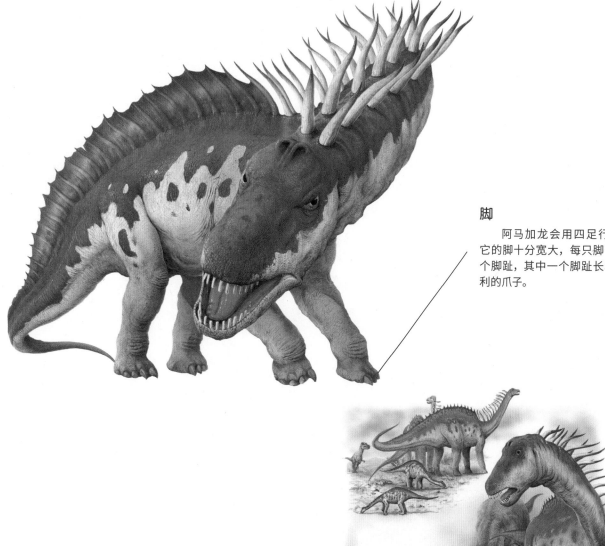

脚

　　阿马加龙会用四足行走，它的脚十分宽大，每只脚有五个脚趾，其中一个脚趾长着锋利的爪子。

时间轴（数百万年前）

540	505	438	408	360	280	248	208	146	65	1.8 至今

阿马加龙

目·蜥臀目·科·叉龙科·属＆种·卡氏阿马加龙

阿马加峡谷的发现

在博物馆里陈列的恐龙模型可不是纯粹的艺术创作，那些模型都是基于大量研究制作出来的。阿马加龙的模型就是个很好的例子。1991 年，人们在阿根廷内乌肯省的阿马加峡谷发现了阿马加龙化石。阿马加龙的模型在墨尔本博物馆被展出，该博物馆于 2000 年开馆，地处澳大利亚维多利亚州。博物馆中展出的是一具完整的卡氏阿马加龙骨架，它的脖子和背部都长有高高的棘刺。但是人们在阿根廷发现的阿马加龙骨架其实十分不完整，只有一块头骨、一些长有棘刺的脊椎、一部分盆骨以及一些肢骨。由于骨架残缺不堪，所以在复原骨架时，人们除了用到现有的阿马加龙化石，还要参考其他与阿马加龙关系密切的恐龙的完整骨架。其中人们就用到了梁龙，梁龙是一种巨大的食草恐龙，和阿马加龙一样，背上也有棘刺，不过刺要小一些。为了尽量让阿马加龙看上去栩栩如生，人们重新制作了一些骨头，而且专门研究了恐龙的姿势。

重爪龙

重要统计资料

化石位置：欧洲、非洲

食性：食鱼动物

体重：1700 千克

身长：8.5 米

身高：3 米

名字意义："沉重的爪子"，因为它的爪子非常大

分布：人们已经在英格兰、葡萄牙和西非发现了重爪龙化石

化石证据

重爪龙 70% 的骨架都被复原了，其中包括头骨。要知道，如果我们要细致描绘一种动物的外表和生活方式，头骨至关重要。之前有很多混杂的化石都被归类为鳄龙，但在重爪龙被命名之后，这些化石又被划归为重爪龙。重爪龙和鳄龙十分相像。由于复原的重爪龙的骨架可能并没有发育完全，所以它成年后的体形可能会比上面列出的数据更大一些，成年重爪龙可能会长达 12 米。

恐龙
白垩纪早期

1983 年，威廉·沃克在英国的萨里郡多尔金市的一个黏土坑中发现了一个巨大的爪子。威廉·沃克是一位业余的化石搜寻者，他明白这个长达 30 厘米的标本非同寻常。后来，人们在那里发现了一具几乎完整的新恐龙骨架，而沃克就是这种新恐龙的发现者，所以该恐龙被命名为沃克氏重爪龙。沃克氏重爪龙非常特别，因为它是为数不多的吃鱼的非鸟型恐龙。它可能会守在河岸边，然后用巨大的爪子将鱼从水中抓出来，动作和如今抓大马哈鱼的棕熊很像。

前肢

重爪龙的前肢又长又壮，这说明它可以用四足行走，如果是这样的话，重爪龙就会成为已知唯一可以用四足行走的兽脚亚目恐龙。

目·蜥臀目·科·棘龙科·属&种·沃克氏重爪龙

鳄鱼的特征

重爪龙的头骨和长而扁的颌部都很像鳄鱼。它的牙齿数量是其亲戚的两倍多：下颌有 64 颗，上颌有 32 颗，而且下颌的牙齿比上颌的牙齿更大。重爪龙的口鼻部附近有一处凹口，这个特征鳄鱼也有，很可能是为了防止猎物逃跑。重爪龙的头顶还有一个小小的冠状物。

脖子

重爪龙的脖子又长又直，相较于大部分兽脚亚目恐龙的"S"形脖子来说，它的脖子可能没有那么灵活。

最后的晚餐

在重爪龙的胃里留下了最后一餐的化石，其中除了有鱼类的鳞甲和骨头，还有残剩的禽龙，这说明重爪龙不仅吃鱼，也吃其他动物。

前肢

重爪龙的每个前肢都长有弯曲的爪子，每个爪子长达 30 厘米，宛如一柄短弯刀。它可能会用拇指指爪来抓鱼，就像北美洲的棕熊一样。重爪龙的腿十分有力，它可能会守在河流的旁边，随时准备跳跃。重爪龙生活在如今的欧洲北部，由于它很可能会吃平原和三角洲上的动物尸体，所以它可能会用巨大的爪子去挑拣死尸上的腐肉。

时间轴（数百万年前）

540	505	438	408	360	280	248	208	146	65	1.8 至今

恐爪龙

重要统计资料

化石位置：美国

食性：食肉动物

体重：73 千克

身长：3.4 米

身高：1.2 米

名字意义："恐怖的爪子"，因为它的爪子宛如可怕的镰刀

分布：人们目前已经发现了 9 具不完整的恐爪龙骨架，这些骨架分布在美国中西部的一些州，包括蒙大拿州、俄克拉荷马州、怀俄明州、犹他州和马里兰州，不过人们在马里兰州所发现的只是恐爪龙的疑似化石

化石证据

1931 年，人们首次发现了恐爪龙化石，但由于当时人们在发现恐爪龙的地方发现了其他更有价值的标本，所以直到 1969 年，人们才开始描述恐爪龙。与此同时，人们又发现了更多恐爪龙化石。人们在一只体形较大的恐龙旁边发现了许多恐爪龙化石，这说明恐爪龙可能会成群狩猎，但是这个观点仍然存在争议。毕竟这群恐爪龙也可能只是在一起吃尸体罢了，或是这些骨架只是恰好被一起冲到了河里。先前人们曾在恐爪龙的骨架旁边发现了一些蛋壳，但当时这些蛋壳被人们忽略了，后来人们才意识到这些蛋壳可能表明恐爪龙会用体温孵蛋，就像现代的鸟类一样。

恐龙
白垩纪早期

恐爪龙是一种体形虽小但相当致命的兽脚亚目恐龙。已有的发现表明，这种恐龙很聪明，同时也引发了它究竟是恒温动物还是冷血动物的讨论。关于以下一些问题，古生物学的观点也很不一致：它是否会成群狩猎；它究竟能跑多快；它会怎么使用巨大的脚爪；它究竟是一种像鸟的恐龙，还是一种像恐龙的鸟。不过人们都认为它是一种非常聪明的捕食者，因为相较于它的体形来说，它的大脑很大。可想而知，这样的捕食者是非常可怕的。

目·蜥臀目·科·驰龙科·属＆种·平衡恐爪龙

镰刀状的趾爪

　　恐爪龙得名于它镰刀状的趾爪，趾爪长在四个脚趾的第二个趾头上。趾爪就像一块超过 13 厘米长的刀片，当恐爪龙奔跑时，趾爪向上直立，这样就不会被磨损。趾爪还被用来划伤猎物。不同的恐爪龙，爪子的弯曲程度不一样，而且爪子的弯曲程度还会随着性别和年纪的变化而变化。

牙齿

　　由于恐爪龙锋利的牙齿是朝后的，因此很适合咬入猎物体内并将猎物固定住。

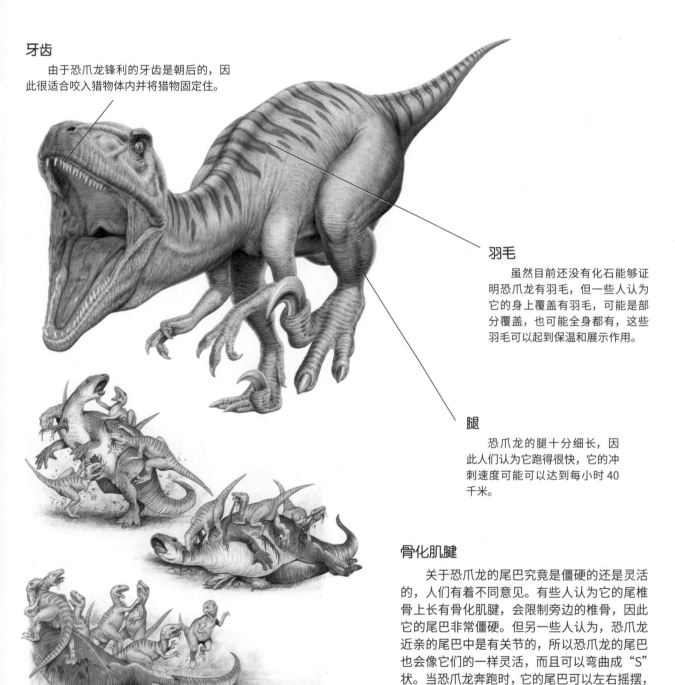

羽毛

　　虽然目前还没有化石能够证明恐爪龙有羽毛，但一些人认为它的身上覆盖有羽毛，可能是部分覆盖，也可能全身都有，这些羽毛可以起到保温和展示作用。

腿

　　恐爪龙的腿十分细长，因此人们认为它跑得很快，它的冲刺速度可能可以达到每小时 40 千米。

骨化肌腱

　　关于恐爪龙的尾巴究竟是僵硬的还是灵活的，人们有着不同意见。有些人认为它的尾椎骨上长有骨化肌腱，会限制旁边的椎骨，因此它的尾巴非常僵硬。但另一些人认为，恐爪龙近亲的尾巴中是有关节的，所以恐爪龙的尾巴也会像它们的一样灵活，而且可以弯曲成"S"状。当恐爪龙奔跑时，它的尾巴可以左右摇摆，保持身体的平衡。

时间轴（数百万年前）

540	505	438	408	360	280	248	208	146	65	1.8 至今

恐爪龙

目·蜥臀目·科·驰龙科·属＆种·平衡恐爪龙

狩猎战术

　　一些古生物学家认为，恐爪龙不仅会成群狩猎，而且在攻击那些体形比自己大得多的恐龙时，会采用一些致命的狩猎技巧。虽然恐爪龙的体形比较小，但它们是极其可怕的高效杀戮机器，它们的身体似乎就是为屠宰猎物而生的，任何动物只要碰到一群恐爪龙，几乎就没有什么生还的可能了。有人认为，在1亿多年前的美国蒙大拿州，一群恐爪龙就是这样猎食了一只腱龙。腱龙是一种大型食草动物，身长8米。恐爪龙的趾爪可以刺伤猎物，甚至可以将猎物开膛破肚。

禽龙

重要统计资料

化石位置: 欧洲、非洲、美国

食性: 食草动物

体重: 3 吨

身长: 10 米

身高: 到臀部的高度为2.7 米; 当它直立时, 高度为 5 米

名字意义: "鬣蜥的牙齿", 因为它的牙齿和鬣蜥的很像

分布: 首个禽龙的牙齿化石是在英格兰被发现的, 后来人们又在比利时发现了许多具禽龙骨架。另外, 人们还在德国、北非和美国西部发现了禽龙化石

化石证据

人们第一次发现禽龙, 是在英格兰发现了一个牙齿化石。1878年, 人们发现了 24 具几乎完整的禽龙骨架, 由此人们才得以全面地认识禽龙。原先人们认为禽龙用四足行走, 后来人们认为它是一种二足动物, 现在人们又普遍认为它既可以用四足行走, 也可以用二足行走。由于许多禽龙标本是一起被发现的, 所以人们认为它是一种社会性动物, 会成群行动。

恐龙
白垩纪早期

由于禽龙被发现得如此之早（1822 年被发现, 1825 年被命名）, 以至于当时"恐龙"这个词还不存在。因为它的牙齿和鬣蜥很像, 所以人们给它取了这个名字。如今人们认为禽龙是最成功的食草动物之一, 因为它存活了近1000 万年之久, 而且遍布世界各地。它之所以可以如此兴盛, 是因为相较于其他食草恐龙, 它进食的器官更为先进, 而且巨大的体形和可怕的拇指尖爪都可以保护它。早期人们在复原禽龙时, 错将拇指尖爪放在了鼻子上, 以至于复原后的禽龙看起来有点像犀牛。

后腿

禽龙的后腿强壮有力。三个巨大的脚趾支撑起了庞大的身躯。

没有牙齿的嘴

禽龙之所以能够存活如此之久, 主要是因为它能快速吃东西。它的嘴巴前侧没有牙齿, 而是形成一个骨质喙, 能把植物铲进去。不过它的嘴巴后侧有成排的宽牙, 可以用来把食物咬碎。禽龙可以将上颌向外撑开, 这样上下颌会互相磨合, 它就可以咀嚼了。

目·鸟臀目·科·禽龙科·属&种·贝尼萨尔禽龙，安格理克斯禽龙

僵硬的尾巴

禽龙的尾巴很长，因为尾巴中有骨化肌腱，所以十分僵硬，这样当它运动时，尾巴就不会拖在地上。

行走

禽龙会用四足行走，但它可以靠后腿直立，当它用两条腿奔跑时，会向外伸展尾巴保持平衡。

拇指尖爪

禽龙有一个圆锥状的拇指尖爪，这个尖爪和其他四根指爪是相互垂直的，一开始人们误以为它是鼻角。拇指尖爪的长度范围是 5~15 厘米，人们尚不清楚它的主要作用。禽龙可以用它来抵御其他捕食者，例如极鳄龙和重爪龙。但禽龙也可以用它来采摘树叶、嫩芽以及小树枝。禽龙的第五根指爪像拇指一样灵活，可以用来抓取一些小东西。

时间轴（数百万年前）

540	505	438	408	360	280	248	208	146	65	1.8 至今

禽龙

目·鸟臀目·科·禽龙科·属&种·贝尼萨尔禽龙，安格理克斯禽龙

维多利亚时代的雕塑

便雅悯·瓦特豪斯·郝金斯（1807—1894）是维多利亚时代的雕塑家和自然历史艺术家，他对恐龙十分痴迷。当时正处于新科学启蒙的时代，人们都对恐龙有着强烈的好奇心。1851年，世博会在伦敦水晶宫举办，而郝金斯则被任命为世博会的助理总监。他也终于有机会展现他对恐龙的痴迷了，因为他被要求制作33个已经灭绝了的恐龙的模型，这些模型的大小要和真实的恐龙一样，这些混凝土模型将会被在水晶宫旁边的公园中展出。他的核心展品是一个禽龙模型，这个模型是如此之大，以至于在1853年的新年夜，他可以邀请20位客人在这个模型内共进晚餐。郝金斯的作品以及他的表演艺术吸引了美国的赞助商，因此他在1868年去纽约制作恐龙模型，这些模型在纽约的中央公园被展出，后来这个地方被称为古生代博物馆。郝金斯还制作了一个鸭嘴龙的骨架模型，后来这个模型被在费城的自然科学学院展出。当郝金斯在美国的时候，为华盛顿的史密森学会复原了许多恐龙骨架，并且在1876年，他为在费城举办的美国独立百年博览会绘制了许多恐龙画作。左图中展现的就是被在伦敦自然历史博物馆展出的禽龙复原模型。

原巴克龙

目·鸟臀目·科·未分类·属&种·戈壁原巴克龙

重要统计资料

化石位置: 中国

食性: 食草动物

体重: 1016 千克

身长: 6 米

身高: 3 米

名字意义: "原始的巴克龙",因为一开始人们认为这种恐龙是巴克龙的祖先。"巴克龙"名字的意思是"棍棒蜥蜴",得名于它们背部的棘刺又高又大,就像棍棒一样

分布: 人们在中国内蒙古自治区的戈壁中发现了原巴克龙化石

化石证据

原巴克龙的口鼻部十分狭长,两排颊齿扁平。原巴克龙的下颌很长。人们也曾将原巴克龙描述为体形较大的禽龙,禽龙是另一类食草恐龙。不过原巴克龙的牙齿是成排替换的,而禽龙的牙齿是一颗一颗替换的。戈壁原巴克龙的头骨曾经在中国古动物馆展出。那个头骨应该属于一个生活在平原上的禽龙类恐龙,因为它既没有冠状物,也没有突起。

1966 年,俄罗斯古生物学家阿纳托利·罗特杰斯特文斯基首次描述原巴克龙。一开始人们认为原巴克龙属于鸭嘴龙科,是鸭嘴龙的祖先。

首次出现

根据化石记录,人们知道原巴克龙大约在 1.21 亿年前出现,而且一直存活到 9900 万年前。

鸭嘴

顾名思义,原巴克龙最初被认为是巴克龙的祖先。巴克龙长着鸭子一样的嘴巴,是已知最早的鸭嘴龙之一。

恐龙
白垩纪早期

时间轴(数百万年前)

540	505	438	408	360	280	248	208	146	65	1.8 至今

南翼龙

目·翼龙目·科·梳颌翼龙科·属&种·格氏南翼龙

重要统计资料

化石位置：阿根廷

食性：可能是杂食动物

体重：未知

身长：132 厘米

身高：未知

名字意义："来自南方的翅膀"

分布：南翼龙是一种非常特别的翼龙，目前人们只在阿根廷的圣路易斯发现了它的化石

化石证据

1970 年首次发现南翼龙化石，如今依然可以在当初发现化石的地方发现大量南翼龙标本，既有零散的骨头和身体碎片，也有完整的骨架。发现这些化石的岩层是薄薄的一层湖底沉积物，当岩层裂开时，里面保存的化石就显现了出来。这些化石十分精致，除了南翼龙化石，还有完整的半椎鱼化石。这种鱼有着笨重的彩色鳞片。当半椎鱼化石刚被发现时，它们会在变干前短暂地呈现出青绿色。这些化石极其脆弱，所以必须立刻涂上硬化剂来保护这些标本。

史前动物
白垩纪早期

南翼龙是最特别的翼龙之一，嘴中长满了又细又长且柔韧的牙齿，这些牙齿可以像过滤器一样过滤食物。

你知道吗？

因为南翼龙可能会用过滤的方式进食，这和红鹤很像，所以它常被称为红鹤翼龙。一些艺术家在复原南翼龙时，甚至会直接将它画成粉色。

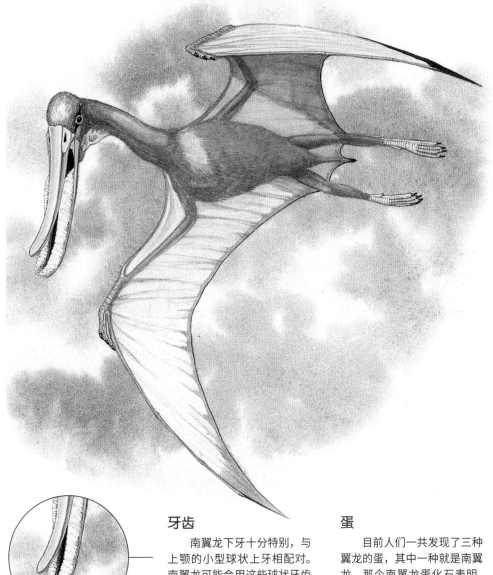

牙齿

南翼龙下牙十分特别，与上颚的小型球状上牙相配对。南翼龙可能会用这些球状牙齿来将食物捣碎。

蛋

目前人们一共发现了三种翼龙的蛋，其中一种就是南翼龙。那个南翼龙蛋化石表明，未孵化的南翼龙胚胎会蜷缩在蛋里。

时间轴（数百万年前）

540	505	438	408	360	280	248	208	146	65	1.8 至今

犹他盗龙

重要统计资料

化石位置: 美国

食性: 食肉动物

体重: 700 千克

身长: 6.5 米

身高: 2 米

名字意义: "犹他州的盗贼", 人们根据发现它的地方将之命名

分布: 人们在美国犹他州格兰德县的一个采石场中发现了犹他盗龙化石。另外在南美洲也发现了一些疑似化石碎片

化石证据

1991 年, 人们在莫阿布附近的采石场发现了一具保存很好、几乎完整的犹他盗龙骨架。1993 年, 人们将那个骨架命名为犹他盗龙。犹他盗龙属于驰龙科恐龙, 具备以下一些特征: 体重轻, 行动快, 反应敏捷, 大脑很大, 感官灵敏, 而且每只脚上都长着一个可怕的趾爪。人们会在大型食草动物的身边发现很多这种驰龙科恐龙化石, 这说明它们会成群狩猎, 通过不停地刺击和切割使猎物瘫痪。它们是两足动物, 而且可能至少有部分身体有羽毛覆盖。

恐龙
白垩纪早期

对生活在白垩纪早期的食草动物来说, 遇到犹他盗龙真是件糟糕的事情。犹他盗龙可能是当时最聪明的恐龙之一, 它行动十分迅猛, 而且有一对恐怖的趾爪。

头骨

犹他盗龙的头骨长达 45 厘米, 眼睛和大脑都很大。

自信的捕食者

犹他盗龙的第二个趾头上长有一个镰刀状的爪子, 爪子长达 23~38 厘米。当犹他盗龙行动时, 增大的关节会让爪子立起来, 从而使之不受磨损, 能够一直很锋利。

目·蜥臀目·科·驰龙科·属 & 种·奥斯特罗姆氏犹他盗龙

纤细的骨棒

　　犹他盗龙的尾巴又长又厚，由于尾巴中有纤细的骨棒，所以尾巴十分僵硬。犹他盗龙的尾巴就像杂技演员手中的杆子一样，可以在奔跑时保持身体平衡，同时能快速转变方向。

牙齿

　　犹他盗龙的锯齿状牙齿长达 5 厘米，颌部十分有力，可以将猎物咬碎或是咬进肉里。一旦有牙齿断了，新牙就会长出来替代旧牙。

爪子

　　犹他盗龙的每只手上长有三个利爪，那些爪子扁而宽大，可以刺进猎物的肉里，这样犹他盗龙就能紧紧抓住猎物了。

时间轴（数百万年前）

| 540 | 505 | 438 | 408 | 360 | 280 | 248 | 208 | 146 | 65 | 1.8 至今 |

犹他盗龙

目·蜥臀目·科·驰龙科·属 & 种·奥斯特罗姆氏犹他盗龙

脚印讲述的故事

恐龙留给人们的不仅仅是化石，它的脚印或人们常说的"足迹"，其实也可以给人们提供大量信息。人们在美国犹他州的一个煤矿中发现了疑似奥斯特罗姆氏犹他盗龙的脚印。有些脚印是单独出现的，也有许多脚印是一起出现的，这说明千百万年前，曾有许多犹他盗龙走过这条路。人们根据一处足迹发现曾有 23 只犹他盗龙穿越过史前的泥炭沼，如今那个地方已被深埋于山下。其中一个脚印是一只身高 3 米的犹他盗龙留下的。另一只犹他盗龙在古老的泥炭中留下了它巨大的脚后跟的印记。然而越往前方，脚后跟的痕迹就越模糊，直至足印消失。古生物学家据此判断，这只犹他盗龙正在追赶它的猎物，随着它与猎物的距离越来越近，会开始将脚后跟抬起。另一组犹他盗龙的足迹表明，恐龙走过的 14 步每步之间的距离都恰好是 109 厘米。

似鳄龙

目·蜥臀目·科·棘龙科·属 & 种·泰内雷似鳄龙

重要统计资料

化石位置：非洲

食性：食肉动物

体重：6 吨

身长：12 米

身高：4 米

名字意义："鳄鱼模仿者"，因为它的嘴和鳄鱼的很像

分布：1997 年，人们在非洲东部的撒哈拉沙漠发现了似鳄龙化石，那个地方在尼日尔的泰内雷沙漠附近

化石证据

虽然似鳄龙长着鳄鱼的嘴巴，鼻孔也长在口鼻部顶端，但它身体的其他部分其实和暴龙更像，二者均体形巨大，强壮有力，且尾巴也都又长又壮。似鳄龙的前肢长有一个巨大而弯曲的指爪，它除了背上长有重爪龙没有的棘刺外，其余都与重爪龙很像。

似鳄龙是一种强壮有力的大型捕食者，它可能会在草木茂盛的沼泽中捕食鱼类，那些沼泽如今已变成了撒哈拉沙漠。似鳄龙会蹚入水中，用爪子或用嘴巴抓住猎物。

棘刺

似鳄龙的背部长有高高的棘刺，这些棘刺可能会支撑一个背鳍。背鳍可以起到展示作用，可能还可以控制体温。

牙齿

似鳄龙差不多有 100 颗牙齿。和大多数长牙齿的兽脚亚目恐龙不一样的，似鳄龙的牙齿是圆锥状的，而不是锯齿状的。

时间轴（数百万年前）

540	505	438	408	360	280	248	208	146	65	1.8 至今

阿根廷龙

目·蜥臀目·科·未分类·属&种·乌因库尔阿根廷龙

阿根廷龙可能是有史以来体形最大的恐龙，但是目前我们只发现了少量化石。这些化石向我们展现了阿根廷龙能够长到多大。

重要统计资料

化石位置：南美洲

食性：食草动物

体重：80 吨

身长：35 米

身高：21.4 米

名字意义："阿根廷的蜥蜴"，因为它是在阿根廷被发现的

分布：1987 年，人们在利迈河组地层发现了阿根廷龙化石，该地层位于阿根廷的内乌肯省

化石证据

我们已经发现了一些阿根廷龙的骨头，其中一个长达 1.5 米。它的一部分椎骨是翅膀形状的，这样就可以容纳强壮的肌肉，从而支撑起整个身体。就比例而言，阿根廷龙的尾巴并没有梁龙的长。人们认为阿根廷龙曾成群地在北美大地广阔的洪泛平原中行走，该片地区能够容纳它庞大的体形——实际上它的体形可能比上面列出的数据更大。

恐龙
白垩纪中期

皮肤
由于阿根廷龙是一种泰坦巨龙类恐龙，所以它可能有皮内成骨或骨钉保护。

头的位置
虽然在早期描述阿根廷龙时，我们认为它能将头抬高，但实际上它很可能无法将头抬到肩膀之上，因为将血液运送到头部的血压会导致它血管爆裂。

时间轴（数百万年前）

540	505	438	408	360	280	248	208	146	65	1.8 至今

鲨齿龙

重要统计资料

化石位置：非洲

食性：食肉动物

体重：2900 千克

身长：13.5 米

身高：3.65 米

名字意义："拥有大白鲨牙齿的蜥蜴"，因为它的牙齿和大白鲨的牙齿很像。而大白鲨名字的字面意思则是"锯齿状的牙齿"

分布：人们在摩洛哥和尼日尔发现了鲨齿龙化石

化石证据

鲨齿龙是我们目前发现的体形最大的肉食恐龙之一。它的颌部非常大，长在其中的牙齿有 3 厘米长。撒哈拉鲨齿龙的头骨长达 1.75 米，而伊吉迪鲨齿龙的头骨还要更长一些，可以达到 1.95 米。鲨齿龙的短前肢可能是它身上唯一一个比较小的部位，但是即便如此，它的前肢仍然是非常可怕的武器。鲨齿龙的前肢有三个锋利的爪子。另外，鲨齿龙可能还可以跑得很快，能够用可怕的速度去追踪猎物。

恐龙
白垩纪中期

1927 年，人们在非洲北部的撒哈拉沙漠发现了一块头骨和一些骨头，鲨齿龙就这样走进了古生物学家的视野中。一开始人们将它命名为撒哈拉斑龙，意思是"巨大的撒哈拉蜥蜴"，1931 年，德国古生物学家恩斯特·斯特莫又重新给它取了名字。和棘龙化石一样，鲨齿龙化石的命运也很悲惨，它之前被保存在慕尼黑博物馆，然而由于英军的轰炸，其化石在"二战"中被炸毁了。幸运的是，1996 年，美国著名古生物学家保罗·塞里诺和他的团队在北非发现了更多鲨齿龙化石。

小小的大脑

鲨齿龙的头骨可能非常大，但是它的大脑很小——比暴龙的大脑都小（暴龙经常会被人们拿来和鲨齿龙比较）。古生物学家可以通过颅内模或颅腔模型来研究鲨齿龙的大脑，也就是说通过扫描恐龙头骨，用影像显示出其中的沉积物层。通过这种方式，古生物学家就可以在不破坏恐龙原有头骨的情况下，研究它的大脑。

目·蜥臀目·科·鲨齿龙科·属&种·撒哈拉鲨齿龙，伊吉迪鲨齿龙

牙齿的发现

　　1944 年，慕尼黑博物馆在一场轰炸中被炸毁了，这次轰炸给古生物学家留下了一个谜团，这个谜团直到 50 多年后才被解开，解开谜团的人是美国古生物学家保罗·塞里诺。塞里诺发现他 1996 年在摩洛哥发现的牙齿化石与恩斯特·斯特莫在 1915 年描述的牙齿化石是一致的。这证明了斯特莫描述的化石和塞里诺发现的化石属于同一物种。

牙齿
　　鲨齿龙的牙齿很长，呈锯齿状，就像吃牛排用的刀具一样。

尾巴
　　鲨齿龙的尾巴非常厚重，仿佛只要用力地甩一次尾巴，就可以将猎物杀死或使之重伤。

爪子
　　鲨齿龙的手上和脚上都长有可怕的爪子，这些爪子非常适合将肉撕开。

腿
　　鲨齿龙的腿非常强壮，因此它可以快速行动。

时间轴（数百万年前）

| 540 | 505 | 438 | 408 | 360 | 280 | 248 | 208 | 146 | 65 | 1.8 至今 |

鲨齿龙

目·蜥臀目·科·鲨齿龙科·**属 & 种**·撒哈拉鲨齿龙，伊吉迪鲨齿龙

巨大的食肉动物

古生物学界最激动人心的事情就是发现未知的物种。1997年就发生了这样的事情，当时人们在非洲西北部的尼日尔共和国发现了鲨齿龙化石。鲨齿龙是一种巨大的肉食恐龙，直到2007年12月，人们才宣布这种新的物种名为伊吉迪鲨齿龙，据说这是有史以来体形最大的食肉动物之一。伊吉迪鲨齿龙差不多身长13.5米，而且嘴中的牙齿都和香蕉差不多大。1997年，人们发现了一些头骨碎片，其中包括口鼻部的部分，还有下颌和脑壳。另外，人们还发现了鲨齿龙脖子的一部分。伊吉迪鲨齿龙大约生活在9500万年前，那时地球上的海平面是有史以来最高的。当时的气候也是有史以来最温暖的，后来尼日尔和摩洛哥这两个地方就彼此分离了。1996年人们在这两个地方都发现了鲨齿龙化石，不过尼日尔的恐龙和摩洛哥的恐龙呈现出了不同的进化方向。

图书在版编目（CIP）数据

侏罗纪与白垩纪恐龙 / 英国琥珀出版公司编著；王
凌宇译． -- 兰州：甘肃科学技术出版社，2020.11
　　ISBN 978-7-5424-2551-5

　　Ⅰ．①侏… Ⅱ．①英… ②王… Ⅲ．①恐龙－儿童读
物 Ⅳ．① Q915.864-49

中国版本图书馆 CIP 数据核字（2020）第 225187 号

著作权合同登记号：26-2020-0099

Copyright © 2009 Amber Books Ltd, London
Copyright in the Chinese language translation (simplified character rights only) © 2019
Sanda Culture Dissemination Co., Ltd.
　　This edition of Dinosaurs published in 2019 is published by arrangement with Amber Books
Ltd through Copyright Agency of China. Originally published in 2009 by Amber Books Ltd.

侏罗纪与白垩纪恐龙

［英］英国琥珀出版公司　编著
王凌宇　译

责任编辑　陈学祥
封面设计　韩庆熙

出　版　甘肃科学技术出版社
社　址　兰州市读者大道 568 号　730030
网　址　www.gskejipress.com
电　话　0931-8125103（编辑部）0931-8773237（发行部）
京东官方旗舰店　https://mall.jd.com/index-655807.html

发　行　甘肃科学技术出版社　　印　刷　雅迪云印（天津）科技有限公司
开　本　889mm×1194mm　1/16　印　张　7.5　字　数　100 千
版　次　2021 年 1 月第 1 版
印　次　2021 年 1 月第 1 次印刷
书　号　ISBN 978-7-5424-2551-5
定　价　48.00 元

图书若有破损、缺页可随时与本社联系：0931-8773237
本书所有内容经作者同意授权，并许可使用
未经同意，不得以任何形式复制转载